Markolf H. Niemz
Wie geht leben?

»Ein begnadeter Mystiker lehrt uns,
jenseits aller Materie zu denken.«
*Willigis Jäger*

Markolf H. Niemz

# Wie geht leben?

In Prozessen denken, verstehen und gesunden

allegria

Für alles, was lebt

Allegria ist ein Verlag der
Ullstein Buchverlage GmbH

ISBN: 978-3-7934-2439-0

© 2021 by Ullstein Buchverlage GmbH, Berlin
Umschlaggestaltung: Zero Media, München
Satz: Markolf H. Niemz
Gesetzt aus der Palatino Linotype
Druck und Bindearbeiten: CPI books GmbH, Leck
Printed in Germany

# INHALT

Ein revolutionäres Weltbild     8

**INFORMIERE DEIN UMFELD!**     **17**
   Viren sind keine Feinde     18
   Sind die aber winzig!     21
   Eine Bastelanleitung     24
   Ein kleiner Piks     26
   Computerviren     29

**WIRKE AUF DEIN UMFELD!**     **33**
   Die kleinsten Lebewesen     34
   So viele Mitbewohner     36
   Ein folgenschwerer Irrtum     39
   Ausgetrickst!     43
   Nützliche Bakterien     44

**KOMMUNIZIERE MIT DEINEM UMFELD!**     **49**
   Gut- oder bösartig?     50
   Grenzenlos wachsen     56
   Ganzheitlich denken     60
   Strahlen oder Chemo?     62
   Mit den eigenen Zellen tanzen     66

## ES ZÄHLT, WAS GESCHIEHT — 73

- Was ist eigentlich ein Prozess? — 74
- Täglich grüßt das Murmeltier — 78
- Das Huhn oder das Ei? — 79
- Da ist etwas faul am Weltbild — 86
- Popopullover! — 91

## EINE ZEITGEMÄSSE OFFENBARUNG — 103

- Leben entsteht spontan — 104
- Es war wie ein Tunnel — 109
- Wie schmeckt Schokolade? — 120
- Es lebt mich — 130
- Selbst Gott ist ein Verb — 137

## WARUM WIR HIER SIND — 147

- Aus zweien eins machen — 148
- Sich bewusst werden — 151
- Vergessen Sie nicht zu danken! — 155
- Vorzüge des neuen Weltbildes — 155
- Ein politisches Statement — 159
- Wie geht glücklich? — 162

Talk mit dem Autor — 167
Alle Kernthesen auf einen Blick — 172
Alle Definitionen auf einen Blick — 173
Alle Wortschöpfungen auf einen Blick — 174

| | |
|---|---|
| Stiftung Lucys Kinder | 175 |
| Anmerkungen | 180 |
| Bildnachweis | 188 |
| Kontakt zum Autor | 191 |
| Der Autor | 192 |

*Wer Antworten auf die grossen Fragen sucht, ist gut beraten, in Prozessen zu denken.*

*Markolf H. Niemz*

# EIN REVOLUTIONÄRES WELTBILD

> DIE ENTSCHEIDENDE FRAGE LAUTET:
> LEBE ICH ODER LEBT ES MICH?

Was ich mit Ihnen vorhabe, ist fast ein Ding der Unmöglichkeit – aber eben nur fast. Aus genau diesem »fast« erwächst das ganze Buch. Worum geht es? Ich habe nichts Geringeres vor, als unser gängiges Weltbild infrage zu stellen. Fast alle Menschen halten materielle Objekte für primär in der Welt und Prozesse (Vorgänge) für sekundär. Hier sind drei einfache Beispiele: Die Sonne scheint; eine Pflanze blüht; ich lese. In allen drei Beispielen verursacht ein Objekt einen Prozess. Dieses Weltbild nenne ich im Folgenden »objektorientiert« oder auch »materialistisch«.

Als Alternative werde ich Ihnen ein »prozessorientiertes Weltbild« anbieten: Prozesse sind primär, Objekte sekundär. Hier haben Objekte keine eigene Existenz, sondern werden erst durch Prozesse erzeugt. Damit Sie diesen feinen Unterschied verstehen, wollen wir uns die gleichen drei Beispiele im prozessorientierten Weltbild anschauen. In dem, was wir »Sonne« nennen, verbrennt (physikalisch exakter: fusioniert) Wasserstoff zu Helium; hierbei wird Energie frei, die unter anderem als Licht bis auf die Erde scheint. Fällt Ihnen etwas auf? Verbrennen, Freiwerden und Scheinen – das sind alles Prozesse! Was wir »Sonne« nennen, ist also primär gar kein Objekt, sondern eine Abfolge von Prozessen.

Wollen wir uns das zweite Beispiel anschauen? Wir sind uns vermutlich alle einig, dass es etwas gibt, was blüht. Im objektorientierten Weltbild nennen wir es »Pflanze«. Je nach Erscheinungsform unterscheiden wir zwischen »Baum« und »Blume«. Im prozessorientierten Weltbild argumentiere ich ähnlich wie im Fall von »Sonne«: In dem, was wir »Pflanze« nennen, setzt Licht über Fotosynthese chemische Prozesse in Gang, die unter anderem ein Wachsen oder Blühen hervorrufen. Auch was wir »Pflanze« nennen, ist also primär kein Objekt, sondern eine Abfolge von Prozessen.

Beim »Ich« hatte ich die wenigsten Probleme, mich mit dem prozessorientierten Weltbild anzufreunden. Im objektorientierten Weltbild gehen wir stillschweigend davon aus, dass es jeden von uns einfach so gibt und dass wir beliebige Tätigkeiten – wie Lesen – ausführen können. Wie ich Ihnen in diesem Buch zeigen werde, sind es aber gerade die Tätigkeiten, die uns formen. Erst ein Lesen und zahlreiche andere Tätigkeiten machen aus Materie ein »Ich«. Schon wieder gilt: Was wir »Ich« nennen, ist also primär gar kein Objekt, sondern eine Abfolge von Prozessen.

Wie unterschiedlich diese beiden Weltbilder sind, zeigt sich insbesondere dann, wenn ich unser drittes Beispiel als provokante Frage formuliere: Verursache ich ein Lesen, oder verursacht ein Lesen mich? So schräg das auch klingen mag – um genau solche Fragen geht es. Mache ich Erfahrungen, oder macht ein Erfahren mich? Lebe ich, oder lebt es mich? Eines kann ich Ihnen schon jetzt verraten: Nach der Lektüre des Buches werden Sie eine andere Auffassung von Viren, Bakterien und Krebszellen haben. Und Sie werden sich nie mehr fragen, ob das Huhn oder das Ei zuerst da war!

## Ein revolutionäres Weltbild

Lange habe ich überlegt, wie ich Sie am besten in dieses Buch einführe. Ich muss sehr behutsam vorgehen, damit es Ihnen nicht den Boden unter den Füßen wegrei------ßt. Denn es geht hier um das Fundament der Welt, in der wir leben. Nur wenige Menschen haben dieses bisher infrage gestellt. Auf welche Wahrnehmung möchten Sie am wenigsten verzichten: auf das Sehen, Hören, Tasten, Schmecken oder Riechen? Für die meisten Menschen ist es das Sehen. Und das, was wir sehen, sind zunächst Objekte! Die Netzhaut unserer Augen gilt als Teil des Gehirns, weil dort bereits eine erste Verarbeitung von Sinnesreizen stattfindet, wie zum Beispiel die Unterscheidung einer Linie von einem Punkt. Das komplexe Bild entsteht später im Sehzentrum des Gehirns. Wir sehen also zunächst nur Objekte. Erst nach vielen weiteren Verarbeitungsschritten erkennen wir, dass sich die Objekte bewegen und dass es in der Welt auch Prozesse gibt.

Es ist diese Reihenfolge – erst Objekte, dann Prozesse – die sich ganz automatisch auf unser Weltbild überträgt, weil jedes Weltbild erst über das Wahrnehmen zustande kommt. Fragen Sie mal einen blinden Menschen, wie er oder sie die Welt wahrnimmt! Die Antwort wird lauten: in erster Linie über das Hören und das Tasten. Und was lässt sich hören? Klänge! Aber Klingen ist kein Objekt, sondern ein Prozess. So »gesehen« sind blinde Menschen im Vorteil: Sie sind eher bereit, Prozesse als gleichwertig oder sogar als wesentlicher zu begreifen – vorausgesetzt, dass ihnen das Hören wichtiger ist als das Tasten. Doch für die meisten Menschen spielen Prozesse wie Klingen eine untergeordnete Rolle. Genau das will ich mit meinem Buch ändern! *Die Welt ist eher ein Klingen als ein Haufen Materie.*

Warum will ich das ändern? Niemals würde ich so viel Zeit meines Lebens in ein solches Buch investieren, wenn es hier nicht um etwas Grundlegendes geht; etwas, das meines Erachtens sogar das Potenzial hat, die Menschheit zum Positiven hin zu verändern. Es ist nicht mehr zu übersehen, wie massiv das materialistische Weltbild uns Menschen zusetzt. Bezeichnenderweise habe ich eines meiner Bücher *Ichwahn*[1] genannt. Aber auch die Schönheit unseres Planeten Erde ist vom materialistischen Weltbild bedroht. Der Kapitalismus treibt einen so rücksichtslosen Raubbau an dieser kostbaren Perle, dass der Schaden bereits vom Weltraum aus sichtbar ist.[2] All das würden wir besser machen, wenn wir unseren Lebensraum nicht als ein Sammelbecken von Objekten begreifen, sondern als einen Ort lebendiger Prozesse.

Ich bin nicht der erste Mensch, der so etwas vorschlägt. Ein leider noch relativ unbekannter britischer Mathematiker und Philosoph hat vieles von dem, was ich hier beschreibe, bereits durchdacht. Sein Werk ist jedoch keine leichte Kost, und das ist auch der Grund, weshalb kaum jemand seinen Namen kennt. Die größte Hürde für dieses neue Weltbild ist unsere Sprache. Bedenken Sie: Nicht nur unser Weltbild ist aufs Engste mit der Wahrnehmung verknüpft, sondern auch unsere Sprache. Ich hatte es schon erwähnt: »Ein Lesen verursacht mich« klingt ziemlich schräg. Sprache erweist sich aber als Schlüssel für das neue Weltbild. *Wenn wir mehr von Prozessen sprechen, werden wir auch mehr in Prozessen denken.* An genau diesem Punkt soll unser gemeinsames Abenteuer beginnen. Wir wollen den Prozessen mehr Raum in unserer Sprache geben. Es wird das tiefsinnigste Leseabenteuer sein, auf das Sie sich jemals einlassen. Versprochen!

## Ein revolutionäres Weltbild

Dummerweise stehen wir gleich zu Beginn dieses Abenteuers vor einem riesigen Problem: Ich will mit einem Buch – also mithilfe von Sprache – zeigen, dass dieselbe Sprache die Welt nicht korrekt abbildet. Wie ich anfangs schon sagte, ist das fast ein Ding der Unmöglichkeit – aber eben nur fast. Wie kann ich ein Werkzeug so einsetzen, dass ich mit seiner Hilfe dasselbe Werkzeug verändere? Dazu behelfen wir uns mit einem kleinen Trick. Wie würden Sie denn die folgende Aufgabe lösen: Ritzen Sie mithilfe einer Schere Ihren Namen in dieselbe Schere! Die Lösung lautet: Zunächst zerlegen Sie die Schere in ihre zwei Teile, und dann ritzen Sie mit einer Scherenhälfte Ihren Namen in die andere Hälfte. So ähnlich werden auch wir vorgehen. Wir zerlegen unsere Sprache in Worte und verändern diese Worte dann sprachlich.

Aus zwei Gründen werde ich im ersten Kapitel mit dem Wort »Viren« beginnen: Erstens sind sie für uns alle zurzeit das Tagesthema Nr. 1; zweitens sind sie das Paradebeispiel dafür, dass die Welt auf Prozessen beruht. Und wie funktioniert nun unser Trick? Im Grunde ist es gar nicht so schwer: Wir müssen uns abgewöhnen, in ausgetretenen P-f-a-d-e-n zu denken, und ersetzen das Substantiv »Virus« ganz einfach durch die Verbform »virend« ...

Ich heiße Sie herzlich willkommen in meinem Buch und in einer Welt, die schon im Jahr 1929 von einem scharfsinnigen Mathematiker und Philosophen treffend beschrieben wurde: Alfred North Whitehead. Ich möchte Sie einladen, sich mit dessen frischen Gedanken vertraut zu machen, was in erster Linie bedeutet, dass wir die Substantive in unserer Sprache hinterfragen werden. Nach Whitehead besteht die Wirklichkeit nicht aus materiellen Objekten, sondern aus Prozessen des Werdens. Deswegen wird seine Theorie wissenschaftlich »Prozessphilosophie« genannt. Whitehead selbst gab ihr mit *philosophy of organism*[3] (auf Deutsch: Philosophie eines Organismus) den besseren Namen. Der Kosmos lebt!

Eine Pandemie bedroht uns, aber wir dürfen aus ihr lernen, wie kraftvoll Whiteheads Gedanken sind. Täglich neue Mutationen führen uns vor Augen, dass Evolution hier und jetzt *live* geschieht. Nutzen wir die Zeit, da wir nur in großer Not bereit sind, das eigene Weltbild zu hinterfragen. In der ersten Buchhälfte werde ich die Grenzen unseres gängigen Weltbildes anhand dreier Beispiele ausloten. In der zweiten Hälfte machen wir uns Whiteheads Sicht zu eigen und entdecken die vielen Vorzüge des neuen Weltbildes.

Um Sie auf die weitere Lektüre einzustimmen, werde ich die einzelnen Kapitel kurz vorstellen. Wir starten mit einem Kapitel über *Viren*. Nach einer wissenschaftlichen Definition und Einteilung befassen wir uns eingehend mit deren materiellen Eigenschaften und lernen, wie sich Viren vermehren. Danach werde ich beschreiben, welche modernen Therapieverfahren es heute gibt und weshalb wir geneigt sind, auch von »Computerviren« zu sprechen.

Entsprechend sind die zwei sich anschließenden Kapitel über *Bakterien* und *Krebszellen* aufgebaut. Dort werden wir unter anderem erfahren, wie nützlich einige Bakterienarten für uns Menschen sind. Außerdem werde ich etablierte und innovative Verfahren zur Krebstherapie vorstellen und drei Betroffenen das Wort erteilen, bei denen es entgegen schulmedizinischer Diagnose »Krebs im Endstadium« doch noch zu einem Heilungsprozess kam.

Damit haben wir das Stichwort für unser viertes Kapitel: *Prozesse.* Die Evolution des Lebens ist ein typisches Beispiel für einen Prozess. Charles Darwin wird uns aufklären, was zuerst da war – das Huhn oder das Ei. Werner Heisenberg wird uns in die Geheimnisse der Quantenphysik einweihen. Und dann gebe ich Ihnen eine anschauliche Einführung in Whiteheads *philosophy of organism*. Seine Weltsicht zeichnet sich durch etwas ganz Besonderes aus: Sie ist mit allen naturwissenschaftlichen Theorien vereinbar!

Das fünfte Kapitel *Eine zeitgemäße Offenbarung* dürfte für die meisten Leser*innen der Höhepunkt des Buches sein. Ich werde in Wort und Bild schlüssig darlegen, dass Leben stets spontan entsteht, was Sterben bedeutet und was es mit der Ewigkeit auf sich hat. Danach werden wir alles, was wir bis dahin gelernt haben, auf uns selbst anwenden – also auf das Ich. Das Sahnehäubchen wird ein Gottesbegriff sein, der seinem Namen wirklich gerecht wird.

Im Schlusskapitel dürfen Sie Ihre im wahrsten Sinne des Wortes »erlesenen« Früchte ernten, wenn wir hinterfragen, *warum wir hier sind.* Es geht um zwei Begriffe, die wir oft in einem Atemzug nennen und die viel mehr sind als nur eine Floskel: Liebe und Verständnis. Lieben und Verstehen sind die wertvollsten Prozesse, die es im Kosmos gibt! Am Ende teile ich ein kleines Geheimnis mit Ihnen: den GROSSEN Unterschied zwischen Glück-Haben und Glücklich-Sein.

Ein winziges Virus greift in unseren Alltag ein und fordert unzählige Opfer von uns allen. So unheilvoll die Pandemie für jeden Einzelnen sein mag – sie birgt auch viele Chancen für die Menschheit und unseren Planeten. Singvögel kehren in menschenleere Städte zurück,[4] Ziegen erobern verwaiste Straßen in Wales,[5] und in Vororten von Paris wurden sogar Rehe gesichtet.[6] Außerdem zeigen Satellitendaten, dass sich die Atemluft in den Metropolen signifikant verbessert hat.[7] Wir Menschen halten inne. Die durch uns stark gebeutelte Natur darf sich ein wenig erholen. Wenn die Vögel draußen wieder zwitschern, habe ich oft das Gefühl, mitten im Konzert der vielen Obertöne ein tiefes Seufzen der Erleichterung zu hören. Dann ist mir, als atme die Natur auf und flüstere mir ins Ohr, welch ungeheure Kraft in ihr steckt. Kein Krieg, keine Finanzkrise, kein Klimawandel – ein winziges Virus lässt uns über das eigene Weltbild nachdenken.

Gibt es für diese Kraft ein schöneres Bild als eine keimende Pflanze? Ich freue mich über Ihr Interesse an meinem neuen Buch. Jedes Kapitel hat seine eigene Themenfarbe: Blau für Viren, Grün für Bakterien, Rot für Krebszellen. Zahlreiche Illustrationen mit einheitlichen Farben (das Erbgut ist stets hautfarben) fördern das Erkennen von Zusammenhängen. Eine Bitte habe ich noch, bevor wir loslegen: Bitte behalten Sie beim Lesen stets im Hinterkopf, dass ich Sie zu keinem Zeitpunkt von meiner Sicht der Dinge überzeugen möchte. Im Gegenteil – ich erwarte, dass Sie alles Gelesene gründlich hinterfragen werden. Nur so kann ein Weltbild heranreifen, das in sich schlüssig und mit allem im Einklang ist, was wir heute über das Leben und den Kosmos wissen.

*Markolf H. Niemz*

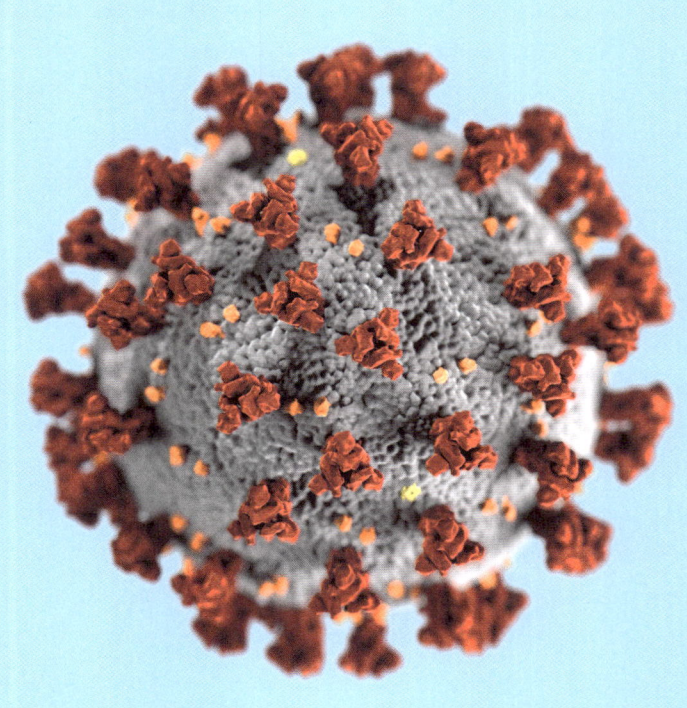

# INFORMIERE
# DEIN UMFELD!

*Informiere dein Umfeld!*

## VIREN SIND KEINE FEINDE

VIREN SIND DAS PARADEBEISPIEL DAFÜR, DASS DIE WELT AUF PROZESSEN BERUHT.

Wir kommen uns vor, als wären wir in einem falschen Film. Aber es ist kein Film. Es ist Wirklichkeit. Ein winziges Virus hat die Menschheit fest im Griff, und auch nach einem Jahr ist noch kein Ende in Sicht.[8] Auf der Erde sterben über drei Millionen Menschen, Zigmillionen infizieren sich, unzählige Millionen werden arbeitslos.[9] Eine Pandemie solchen Ausmaßes hat die heutige Bevölkerung noch nie erlebt. Donald Trump bezeichnete sich selbst als »Präsidenten in Kriegszeiten«, der gegen »einen unsichtbaren Feind« kämpft.[10] Auch Emmanuel Macron schlug in einer landesweiten Fernsehansprache militärische Töne an: »Wir sind im Krieg. Der Feind ist da, und er ist unsichtbar.«[11] Doch – ist das Virus wirklich ein Feind? Sind wir im Krieg mit Mutter Natur?

Ich habe da meine Zweifel und bin damit gewiss nicht allein. Kriegsrhetorik ist hier – wie überall – fehl am Platze. Ein Feind ist jemand, der uns einen Schaden zufügen will. Wer wie Trump oder Macron vom Virus als einem »Feind« spricht, unterstellt dem Virus eine Absicht. Er gibt ihm die Identität eines Wesens, das Ziele formulieren und verfolgen kann. Naturwissenschaftler*innen kommen zu einem anderen Ergebnis: Viren sind keine Lebewesen, sondern genetische Programme. Als solche sind sie nicht fähig, gegen die

Menschheit in einen Krieg zu ziehen. *Viren sind keine Feinde.* Im Gegenteil – ohne Viren gäbe es uns gar nicht!

Weshalb neigen wir dazu, Viren als Feinde zu begreifen? Es ist unsere Sprache, die uns hier einen Streich spielt und in einer surrealen Welt gefangen hält. Substantive wie »Virus« eignen sich nicht zur Bezeichnung von etwas, was prozesshaft abläuft. Ein Prozess ist ein Vorgang, und den kann ein Verb wesentlich besser beschreiben. Um ein sinnvolles Verb finden zu können, werden wir uns zunächst mit dem klassischen Virusbegriff befassen.

Alle reden heute über Viren. Aber was ist eigentlich ein Virus? *Virus* ist lateinisch und steht für Schleim, Feuchtigkeit, aber auch Gift. Die Wissenschaft, die sich mit den Viren und Virusinfektionen befasst, heißt *Virologie*. Virolog*innen definieren Viren als **infektiöse, organische Strukturen.** Sie breiten sich außerhalb von Zellen als *Virionen* aus, können sich aber nur innerhalb von Wirtszellen vermehren. Viren bestehen nicht aus Zellen, sondern aus biochemischen Molekülen. Je nachdem, ob sie von einer Eiweißhülle umgeben sind oder nicht, heißen sie »behüllt« beziehungsweise »unbehüllt«. Tabelle 1 gibt einen Überblick bekannter Viren.

| behüllte Viren | unbehüllte Viren |
| --- | --- |
| Grippe, Herpes | Rhinoviren |
| Mumps, Masern, Röteln | Noroviren |
| Hepatitis B, Hepatitis C | Hepatitis A |
| Pocken, Tollwut | Polioviren |
| HIV, SARS-CoV-2 | Papillomaviren |

*Tab. 1: Beispiele für bekannte Viren*

*Informiere dein Umfeld!*

Viren befallen sowohl *eukaryotische Zellen* (Zellen mit einem Zellkern wie bei Pilzen, Pflanzen und Tieren inklusive uns Menschen) als auch *prokaryotische Zellen* (Zellen ohne einen Zellkern wie bei Bakterien und Archaeen). Viren, die prokaryotische Zellen als Wirte nutzen, heißen *Bakteriophagen* oder *Phagen*. Auf der Erde gibt es heute unvorstellbar viele Viren, etwa $10^{31}$ Stück.[12] Könnten wir sie alle hintereinander legen, hätten sie eine Gesamtlänge von $10^{21}$ Kilometern!

Weil Viren keinen eigenen Stoffwechsel haben und sich deshalb auch nicht eigenständig vermehren können, zählen sie nicht zu den Lebewesen. Gleichwohl können sich Viren an ihr Umfeld anpassen und in Wirtszellen vermehren, das heißt, sie nehmen über die Wirtszellen an der Evolution teil. Wissenschaftlich ist umstritten, ob Viren oder Zellen zuerst da waren:[13] Gegen die Viren-zuerst-Hypothese spricht, dass sich Viren nur in einer Wirtszelle vermehren können; gegen die Zellen-zuerst-Hypothese spricht, dass nicht alle viralen Strukturen eines zellulären Ursprungs sind.

Für den US-amerikanischen Biologen Bruce Lipton sind Viren »die höchste Kommunikationsform in der Biologie«.[14] Dafür spricht, dass Viren auch ins menschliche Erbgut eingebaut sind. Immerhin stammen mehr als acht Prozent unseres Erbgutes von Viren ab.[15] Bei einigen Probanden wurde sogar das komplette Erbgut eines Virus gefunden!

Was ein Virus zu einem Virus macht, ist sein genetisches Programm. Es lautet in unsere Sprache übersetzt: Informiere dein Umfeld! Also ist jedes Virus ein zeitlicher Vorgang, ein Prozess. Biochemische Moleküle sind bloß der Programmspeicher. Solange es um materielle Eigenschaften von Viren geht, werde ich ab jetzt vom *Virenkörper* sprechen.

## SIND DIE ABER WINZIG!

Die wohl wichtigste Eigenschaft eines Virenkörpers ist seine Größe. Raten Sie mal, wie groß ein Virenkörper in etwa ist! Es sind je nach Art etwa 15 bis 400 Nanometer[16] (ein Nanometer = 0,000 000 001 Meter). Pockenvirenkörper lassen sich schon unter einem Lichtmikroskop nachweisen. Die meisten Virenkörper sind aber so klein, dass sie nur unter technisch aufwendigen Elektronenmikroskopen zu sehen sind. Abbildung 1 zeigt hochaufgelöste Fotos von Grippevirenkörpern (links) und HI-Virenkörpern (rechts).

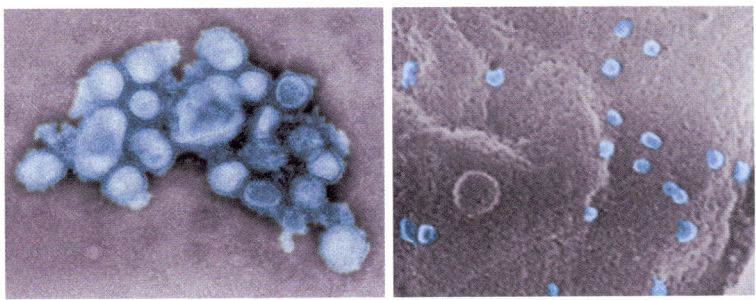

*Abb. 1: Grippevirenkörper und HI-Virenkörper*

Elektronenmikroskope haben jedoch einen großen Nachteil: Die zu untersuchenden Proben müssen mit Gold bedampft und in ein Vakuum geschoben werden. Das aber heißt: Mit Elektronenmikroskopen lassen sich weder lebendige Zellen noch aktive Viren beobachten. Der Durchbruch gelang erst kürzlich mit der Erfindung der *superauflösenden Fluoreszenzmikroskopie* durch drei Physiker.[17] Nun können wir uns *live*

*Informiere dein Umfeld!*

davon überzeugen, dass Viren Prozesse sind. Beispielsweise lässt sich beobachten, wie Moleküle an HI-Virenkörper andocken[18] und so die Immunschwäche AIDS auslösen.

Virenkörper beinhalten nur genetisches Material. Darauf beruht ihre geringe Größe, und entsprechend niedrig ist ihr Gewicht. Selbst die vergleichsweise großen Virenkörper von Pocken wiegen bloß 10 Femtogramm[19] (ein Femtogramm = 0,000 000 000 000 001 Gramm). Das genetische Material heißt *Desoxyribonukleinsäure* (DNA) beziehungsweise *Ribonukleinsäure* (RNA). Bei der DNA wird die übertragene Information (die Erbinformation) über eine Aneinanderreihung der vier Nukleinbasen *Adenin, Thymin, Cytosin* und *Guanin* codiert. Bei der RNA ist *Guanin* durch *Uracil* ersetzt. Die markante Doppelhelixstruktur der DNA (Abbildung 2) wurde im Jahr 1953 von den beiden Molekularbiologen James Watson und Francis Crick entschlüsselt.[20] In ihr paart sich immer Adenin mit Thymin – und Cytosin mit Guanin. Im Gegensatz hierzu liegt die RNA meist als Einzelstrang vor.

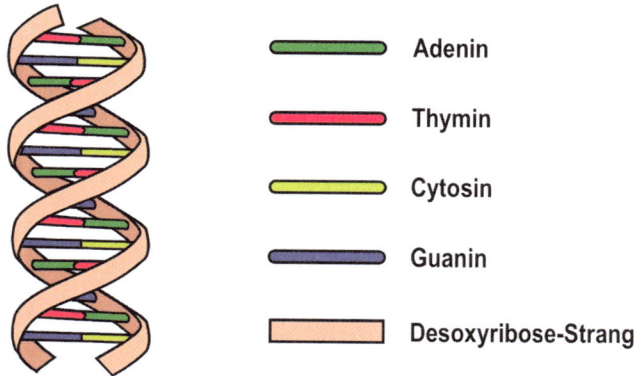

*Abb. 2: Doppelhelixstruktur der DNA*

*Sind die aber winzig!*

Gewiss kennen Sie die in Abbildung 3 gezeigte dreidimensionale Rekonstruktion des Virenkörpers SARS-CoV-2, der die sehr gefährliche Atemwegserkrankung COVID-19 auslösen kann. Auf seiner Oberfläche sitzen besonders auffällige Eiweißmoleküle, sogenannte *spikes* (auf Deutsch: Spitzen). Haben Sie sich auch schon gefragt, wie solche Rekonstruktionen entstehen? Bei der *Kristallisation* wird der Virenkörper zunächst in eine Art »Kristall« überführt und dann auf seine Struktur untersucht. Bei der *Röntgenbeugung* werden kurze Lichtpulse auf den Virenkörper gelenkt und analysiert.

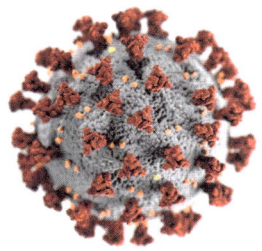

*Abb. 3: Rekonstruktion des Virenkörpers SARS-CoV-2*

Alle Virenkörper haben eine ähnliche Struktur: Sie verfügen über einen *Nukleus* (Kern), der das genetische Material beinhaltet. Der Kern ist von einer Kapsel umgeben, die sich aus symmetrisch angeordneten *Kapsomeren* zusammensetzt. Bei unbehüllten Virenkörpern (Abbildung 4 links) bildet diese Kapsel die äußere Struktur und kontrolliert damit das Andocken an sowie das Eindringen in eine Wirtszelle. Behüllte Virenkörper (Abbildung 4 rechts) verfügen über eine zusätzliche Eiweißhülle, die hauptsächlich aus dem Material einer

Wirtszelle stammt. Diese Tarnung führt dazu, dass behüllte Virenkörper für das Immunsystem nahezu unsichtbar sein können. Bei Kontakt mit Desinfektionsmitteln oder Seifenschaum löst sich die Hülle aber auf. Deshalb können wir uns bei behüllten Viren vor Schmierinfektionen schützen, indem wir Oberflächen desinfizieren und unsere Hände gründlich waschen. Gegen Tröpfcheninfektionen hilft nur ein Sicherheitsabstand von mindestens 1,5 Metern.[21]

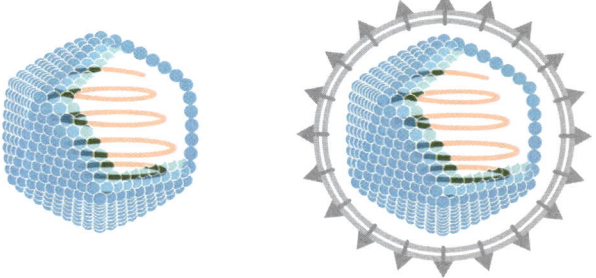

Abb. 4: *Unbehüllte und behüllte Virenkörper*

## EINE BASTELANLEITUNG

In einem Virenkörper findet kein Stoffwechsel statt. Folglich benötigt er zu seiner *Replikation* (Vermehrung) immer eine Wirtszelle. Der Replikationszyklus startet, sobald der Virenkörper an eine Wirtszelle andockt und sein gesamtes genetisches Material bestehend aus Nukleinsäuren ins Zellinnere einschleust. Falls das gelingt, wird die virale Erbinformation anschließend in der Wirtszelle kopiert und kann auch in das Erbgut der Wirtszelle eingebaut werden.

## *Eine Bastelanleitung*

Im Grunde ist die Erbinformation eines Virus eine Bastelanleitung für ein neues, identisches Virus. Die Wirtszelle wird derart *umprogrammiert*, dass ihr Nukleus ab sofort und zusätzlich zu bisherigen Aufgaben auch der Bastelanleitung folgt und viele neue Virenkörper zusammenbaut. Besonders aggressive Viren können die Wirtszelle nötigen, ihre bisherige Aktivität ganz einzustellen und nur noch Virenkörper zu produzieren. Die Freisetzung der Virenkörper kann auf unterschiedlichen Wegen erfolgen: durch *Abkapseln* von der Wirtszelle oder durch *Auflösen* ihrer Zellmembran, wodurch die Wirtszelle stirbt. »Abkapseln« und »Auflösen« sind Beispiele, wie wir Verben anstelle von Substantiven verwenden können, um mehr in Prozessen zu denken.

Meistens sind die freigesetzten Viren identisch mit dem Virus, das sein Erbgut in die Wirtszelle eingeschleust hatte. Allerdings kann es beim Kopieren der DNA oder RNA auch zu kleinen Fehlern kommen, sodass sich die nachfolgende Virengeneration doch ein wenig vom ursprünglichen Virus unterscheidet. Diese Fehler im Erbgut heißen *Mutationen*. Sie sind der eigentliche Motor der Evolution. Die meisten Mutationen haben keine erkennbaren Auswirkungen oder führen dazu, dass die nächste Generation nicht funktionsfähig ist. Nur in sehr wenigen Fällen entsteht durch die Mutation eine neue Virusart mit einem genetischen Programm, das für die Wirtszellen bedrohlicher oder harmloser sein kann als das Programm des ursprünglichen Virus.

Vermutlich hat eine solche Mutation auch dazu geführt, dass ein ursprünglich im Tierreich beheimatetes Virus Ende 2019 mutmaßlich in China auf die Menschheit überspringen konnte und nun unter der Bezeichnung SARS-CoV-2 in die

*Informiere dein Umfeld!*

Geschichtsbücher eingeht. Seitdem sind bereits viele weitere Mutationen aufgetaucht, die für uns ansteckender und vielleicht gefährlicher sind. Auch sie sind keine Feinde, sondern genetische Programme – sie informieren ihr Umfeld, wie sie kopiert werden. Es ist davon auszugehen, dass wir keine der Mutationen jemals werden »auslöschen« können. Im Gegenteil – wir werden Teile davon auch in unser eigenes Erbgut einbauen! Ein Blick auf die Geschichte der Evolution zeigt, dass sich erfolgreiche Mutationen stets durchsetzen. Unsere einzige Chance besteht darin, dass wir uns mit ihnen arrangieren und langfristig gegen sie immun werden.

## EIN KLEINER PIKS

Die meisten Virusinfektionen lassen sich nur symptomatisch behandeln, das heißt, Symptome wie Fieber, Schnupfen oder Husten werden mit Medikamenten und Hausmitteln auf ein erträgliches Maß reduziert. Kleine Infekte wie Erkältungen klingen dann oft nach wenigen Tagen von selbst wieder ab. Anders als bei Bakterien, denen wir uns im nächsten Kapitel widmen werden, sind Antibiotika gegen ein Virus machtlos. Wissen Sie, warum das so ist? Die in den Antibiotika enthaltenen Wirkstoffe blockieren insbesondere den Stoffwechsel. Er ist eine wichtige Voraussetzung für die Zellteilung. Weil Bakterien stoffwechseln, lässt sich ihre Zellteilung mit Antibiotika stoppen. Ein Virus hat keinen eigenen Stoffwechsel, der blockiert werden könnte; es profitiert vom Stoffwechsel einer Wirtszelle. Die Gabe eines Antibiotikums würde also nur die körpereigenen Wirtszellen schädigen.

Doch moderne Wissenschaft zeichnet sich dadurch aus, dass sie stets nach Alternativen sucht, um neues »Wissen zu schaffen«. Weltweit wird intensiv an der Entwicklung neuer Medikamente geforscht, die sich auch gegen Viren einsetzen lassen, insbesondere gegen die gefährlichen. Beispielsweise steht für HIV-Patient*innen bereits eine Vielzahl antiviraler Wirkstoffe zur Verfügung,[22] die immerhin in der Lage sind, die Gesamtzahl der Viren zu reduzieren.

Jede antivirale Therapie zielt darauf ab, die Vermehrung von Viren zu erschweren. Dieser Eingriff kann während der verschiedenen Phasen der Replikation erfolgen: beim Andocken des Virenkörpers an eine Wirtszelle, beim Einschleusen der viralen Erbinformation in die Wirtszelle, beim Kopieren der Erbinformation in der Wirtszelle, beim Eindringen der kopierten Erbinformation in den Kern der Wirtszelle, beim Zusammenbauen und beim Freisetzen der neuen Virenkörper. Weil Viren mutieren können, ist es sinnvoll, möglichst viele Phasen der Replikation zu erschweren.

Antivirale Medikamente können Leben retten, doch die beste Abwehr gegen viele Virusarten bietet uns ein intaktes Immunsystem. Wir Menschen sind von Geburt an zu einem gewissen Grad vor Keimen und Fremdkörpern geschützt – dank eines *angeborenen Immunsystems*. Zusätzlich entwickeln wir im Verlauf unseres Lebens ein *erworbenes Immunsystem*, indem wir in Kontakt mit Krankheitserregern kommen und eine Art »Gedächtnis« entwickeln. Das Immunsystem merkt sich diese Erreger und kann bei erneutem Kontakt schneller und gezielter reagieren – beispielsweise mit *Antikörpern*, die sich an den Virenkörper anheften und so sein Andocken an eine Wirtszelle erschweren. Dies funktioniert allerdings nur, solange sich das Virus nicht mit einer körpereigenen Hülle aus dem Material einer Wirtszelle tarnt.

Auch die Wirkung von Impfstoffen beruht darauf, dass das Immunsystem Antikörper bildet. Die meisten Impfstoffe enthalten geschwächte Erreger oder Bruchstücke von viraler oder bakterieller DNA/RNA. Auf diese Weise wird verhindert, dass bereits die Impfung krankheitsauslösend ist; und dennoch lernt das erworbene Immunsystem Merkmale von Erregern hinzu. Neuartige Impfstoffe beruhen auf der sogenannten *messenger RNA* (auf Deutsch: Boten-RNA). Mit ihrer Hilfe kann unser Körper bestimmte Merkmale eines Virenkörpers – beispielsweise die *spikes* von SARS-CoV-2 – selbst produzieren und dann im Fall eines Virenkontakts sofort die gewünschte Immunantwort auslösen.

Je nach Art des Erregers kann ein Impfschutz zwischen einigen Jahren und lebenslang anhalten.[23] Wer ein erhöhtes Risiko für schwere Krankheitsverläufe oder mit vielen Menschen Kontakt hat, sollte sich beispielsweise jährlich gegen die Grippe impfen lassen. Grippeviren mutieren schnell und erfordern darum jedes Jahr einen anderen Impfstoff. Gegen SARS-CoV-2 wurden mehrere Impfstoffe entwickelt, die seit Ende 2020 weltweit verimpft werden. *Ein kleiner Piks für den Einzelnen, eine große Chance für die Menschheit!* Impfen ist ein Eingriff in die Evolution, der das Lernen des Immunsystems beschleunigt. Dank naturwissenschaftlicher Forschung sind wir Pandemien nicht mehr hilflos ausgesetzt, aber sie sind ein Weckruf, Verhaltensweisen und das eigene Weltbild zu hinterfragen. Anders als vor vielen Millionen Jahren treffen Viren heute überall auf dieselbe Spezies: Der Mensch ist für Viren eine leicht zu infizierende Monokultur.

# COMPUTERVIREN

Lassen Sie uns kurz zusammenfassen, was wir bisher über Viren gelernt haben: 1) Ein Virus ist ein kleines genetisches Programm, das in biochemischen Molekülen gespeichert ist. 2) Viren breiten sich durch Übertragung aus, beispielsweise durch Schmierinfektionen oder Tröpfcheninfektionen. 3) Da Viren keinen eigenen Stoffwechsel haben, benötigen sie eine Wirtszelle, um sich zu vermehren. 4) Viren haben die Fähigkeit, den Nukleus in ihrer Wirtszelle umzuprogrammieren. 5) Es gibt unbehüllte und behüllte Viren; letztere umgeben sich mit dem Material einer Wirtszelle und umgehen so das Immunsystem. 6) Viren können mutieren, das heißt sich im Verlauf mehrerer Generationen verändern.

Und jetzt lasse ich Sie sechsmal raten, weshalb ich unser Virenkapitel mit den sogenannten *Computerviren* abschließe. Kleiner Tipp: Sie brauchen nur die sechs Merkmale aus dem letzten Absatz auf das übertragen, was ganz allgemein über Computerviren bekannt ist. 1) Auch Computerviren sind im Grunde kleine Programme – allerdings handelt es sich nicht um genetische Programme, die in biochemischen Molekülen gespeichert sind, sondern um Software, die nicht zwingend ein materielles Speichermedium erfordert.[24] 2) Computerviren breiten sich ebenfalls durch Übertragung aus, vorzugsweise durch E-Mails oder Downloads von Apps. 3) Auch ein Computervirus kann sich nicht eigenständig vermehren; es benötigt eine Hardware. 4) Computerviren sind in der Lage, den Mikroprozessor in einer Hardware umzuprogrammieren. 5) Es gibt leicht auffindbare und versteckte Computerviren; letztere schleichen sich in andere Programme ein und

*Informiere dein Umfeld!*

umgehen so die Antivirensoftware. 6) Auch Computerviren können mutieren, das heißt sich im Verlauf mehrerer Generationen verändern.

Angesichts dieser vielen Gemeinsamkeiten liegt es nahe, von »Computerviren« in Anlehnung an Viren zu sprechen. Doch der Spieß lässt sich auch umdrehen: Statt von einem Substantiv »Virus« auszugehen und daraus das Substantiv »Computervirus« abzuleiten, ist es genauso legitim, Computerviren als ein schädliches Informieren – also als ein Verb – zu begreifen und daraus die Verbform »virend« abzuleiten. Lassen Sie uns eine neue Perspektive einnehmen, indem wir nicht mehr von Viren auf Computerviren schließen, sondern umgekehrt. Im Buch *Die Welt mit anderen Augen sehen* zeige ich, wie lehrreich eine andere Perspektive sein kann.[25] Was wir im objektorientierten Weltbild »Viren« nennen, nämlich infektiöse, organische Strukturen, ist im prozessorientierten Weltbild ein Informieren. Deshalb definiere ich »virend« als **informierend.** Ein Informieren kann für das Umfeld nützlich, neutral, aber auch schädlich sein.

Niemand wird ernsthaft bestreiten, dass Computerviren ein schädliches Informieren sind. Aus der Perspektive eines Anwenders, dessen Computer von einem Virus befallen ist, handelt es sich um schädliche Prozesse, die äußerst sensible Daten ausspähen oder die Funktion des eigenen Computers beeinträchtigen können. Wie ich in einem späteren Kapitel vertiefen werde, besteht ein Merkmal von Prozessen darin, dass sie zeitlich ablaufen. Deshalb ist es nicht möglich, einen Prozess mit einem Substantiv hinreichend zu charakterisieren. Die einzige Möglichkeit, an den Substantiven festzuhalten, bestünde darin, die einzelnen Phasen des Prozesses mit verschiedenen Substantiven zu bezeichnen. Genau das tun die Virolog*innen! Sie sprechen nur innerhalb der Wirtszellen von »Viren« und außerhalb von »Virionen«.

Abgesehen davon, dass dieses Vorgehen sehr umständlich ist, können Substantive den Verben nie das Wasser reichen. Während Substantive einen Prozess nur phasenweise abbilden können, beschreiben Verben den zeitlichen Ablauf kontinuierlich: Die Verbform »virend« deckt *alle* Zeitpunkte des Prozesses ab. Streng genommen ist auch das Substantiv »Computervirus« erst dann zulässig, wenn sich das Virus in einem Computer befindet. Solange es noch im Anhang einer E-Mail oder als App übertragen wird, müssten wir ebenfalls von einem »Computervirion« sprechen. ☺

> *Ein Substantiv kann den vielen verschiedenen Phasen eines Prozesses nicht gerecht werden.*

Vielleicht fragen Sie sich jetzt: Wozu sollten wir Substantive durch Verben ersetzen, wenn wir uns doch bisher recht gut mit unseren Substantiven arrangiert haben? Ich glaube, dass die Verbform »virend« uns darin unterstützen kann, Viren nicht als Feinde zu begreifen, sondern Chancen in ihnen zu sehen. Womöglich führt uns diese Auffassung sogar zu ganz neuen, nicht-materialistischen Therapieverfahren – solchen, die nicht auf biochemischen Angriffen beruhen, sondern auf einem Unterbrechen, Steuern oder Umprogrammieren eines Prozesses. Viren müssen nicht zwingend vernichtet werden – es genügt, die »Software« ein wenig zu verändern.

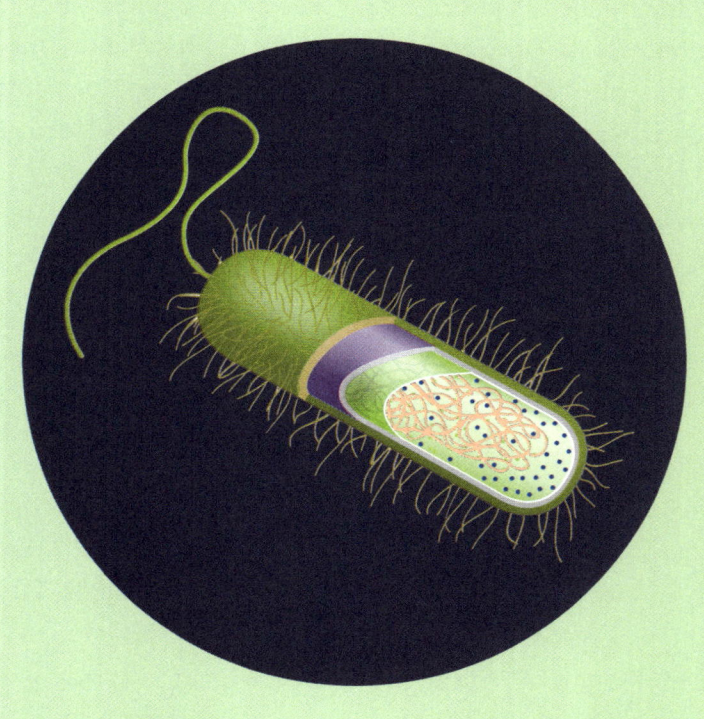

# WIRKE
# AUF DEIN UMFELD!

*Wirke auf dein Umfeld!*

# DIE KLEINSTEN LEBEWESEN

> WIR VERWENDEN LAUTER SUBSTANTIVE,
> WO WIR VERBEN NEHMEN SOLLTEN.[26]
> HANS-PETER DÜRR

Wissen Sie auch, was Bakterien sind? *Bakterium* stammt vom altgriechischen Wort βακτήριον ab (auf Deutsch: Stäbchen). In der Tat sehen viele Bakterien unter einem Elektronenmikroskop wie kleine Stäbchen aus. Die Wissenschaft, die sich mit den Bakterien und bakteriellen Infektionen befasst, heißt *Bakteriologie.* Bakteriolog*innen definieren Bakterien als **einzellige Mikroorganismen ohne Zellkern.** Im Gegensatz zu den Viren handelt es sich also bei Bakterien bereits um biologische Zellen. Ihre Vermehrung erfolgt durch Wachstum und Zellteilung. In Tabelle 2 sind besonders bekannte Bakteriengattungen aufgelistet.

| äußere Form | Bakteriengattung |
| --- | --- |
| kugelförmig | *Micrococcus* |
| stäbchenförmig | *Bacillus, Escherichia* |
| spiralförmig | *Spirillum* |
| mit Stielen | *Caulobacter* |
| Kugelkette | *Streptococcus* |
| Stäbchenkette | *Streptobacillus* |

*Tab. 2: Beispiele für bekannte Bakteriengattungen*

*Die kleinsten Lebewesen*

Mit den Bakterien sehr eng verwandt sind die sogenannten *Archaeen*. Deshalb werden Bakterien und Archaeen – wie im letzten Kapitel beschrieben – auch als prokaryotische Zellen zusammengefasst. Archaeen unterscheiden sich von Bakterien vor allem im Aufbau der Zellwand und in der Zusammensetzung der RNA-Bausteine. Alle prokaryotischen Zellen enthalten ebenfalls DNA und RNA, die dem viralen Erbgut sogar sehr ähnlich sind.

Die meisten Lebewesen auf unserem Planeten sind Bakterien. Insgesamt soll es davon mehr als $10^{30}$ Stück geben,[27] somit 100 Millionen Mal mehr als Sterne im beobachtbaren Universum. Stellen Sie sich das mal vor! Bis heute wurden rund 15 000 Bakterienarten erfasst.[28] Das entspricht aber nur einem Prozent aller katalogisierten Arten von Lebewesen.[29] Die tatsächliche Anzahl von Bakterienarten lässt sich schwer abschätzen. Eine Studie aus dem Jahr 2017 geht von etwa $10^9$ verschiedenen Bakterienarten aus.[30]

Bakterien haben einen eigenen Stoffwechsel und können sich eigenständig vermehren. Aus diesem Grund gelten sie als die kleinsten Lebewesen, die es auf der Erde gibt. Bakterien sind fast überall lebensfähig: im Meer, in der Luft und an Land. Sie besiedeln auch hochkomplexe Lebewesen. Bei uns Menschen sind sie vor allem im Darm zu finden. Dort fermentieren sie unverdauliche Ballaststoffe, die wir mit der Nahrung aufnehmen, zu kurzkettigen Fettsäuren und unterstützen so die Verdauung. Manche Bakterien schließen sich zu Kugelketten oder Stäbchenketten zusammen. Auch wenn sie dann unter einem Mikroskop wie Vielzeller (mehrzellige Lebewesen) aussehen, handelt es sich immer noch um eine Ansammlung von Einzellern.

*Wirke auf dein Umfeld!*

Wir können Bakterien als kleinste Lebewesen auffassen – oder aber als die kleinsten aktiven Einheiten, die im Kosmos *wirken*. Der deutsche Quantenphysiker Hans-Peter Dürr hat zeitlebens davon gesprochen, dass in der Quantenwelt keine Materie existiere. Da sei nichts, was sich anfassen ließe. Die Quantenwelt beruhe vielmehr auf kleinen »Wirks«[31] – auf etwas, was wirkt. *Genau deshalb sind wohl auch in unserer Welt Prozesse primär und Objekte nur sekundär.* Die Mikrobiologie ist die »biologische Antwort« auf die Quantenphysik. Bakterien sind sozusagen die kleinsten »Wirks« in Bezug auf das Leben. Ihr Motto lautet: Wirke auf dein Umfeld! Somit sind auch Bakterien weit mehr als ihre materiellen Bestandteile. Solange es um materielle Eigenschaften von Bakterien geht, werde ich ab jetzt vom *Bakterienkörper* sprechen.

## SO VIELE MITBEWOHNER

Bakterienkörper unterscheiden sich hinsichtlich Größe und Gewicht deutlich von Virenkörpern. Viele Bakterienkörper sind 1 bis 10 Mikrometer lang[32] (ein Mikrometer = 0,000 001 Meter) und ungefähr tausendmal so schwer wie ein Virenkörper. Pro Bakterium ist das immer noch wenig, aber das Gesamtgewicht aller Bakterien in einem erwachsenen Menschen beträgt immerhin 200 Gramm.[33] Was glauben Sie, wie viele Bakterien das wohl sind? Tatsächlich wohnen in Ihrem Körper nahezu 40 000 000 000 000 Bakterien! Halten Sie es in Anbetracht so vieler Mitbewohner für vertretbar, uns Menschen als Individuen zu begreifen? Auf diese philosophische Frage werden wir später zurückkommen.

*So viele Mitbewohner*

Die mit Abstand interessanteste Eigenschaft eines Bakterienkörpers ist aber nicht seine Größe, sondern seine Form. Wie bereits in Tabelle 2 angedeutet, ist die Vielfalt der Formen sehr groß. Damit Sie sich ein besseres Bild von der Vielfalt machen können, habe ich in Abbildung 5 die gängigen Formen skizziert. Die oberste Reihe zeigt einige Beispiele für kugelförmige, stäbchenförmige und spiralförmige Bakterien, die mittlere Reihe ein Beispiel für Bakterien mit Stielen und die untere Reihe zwei Beispiele für kettenförmige Zusammenschlüsse. Letztere könnten einst die Vorläufer von vielzelligen Lebewesen gewesen sein.

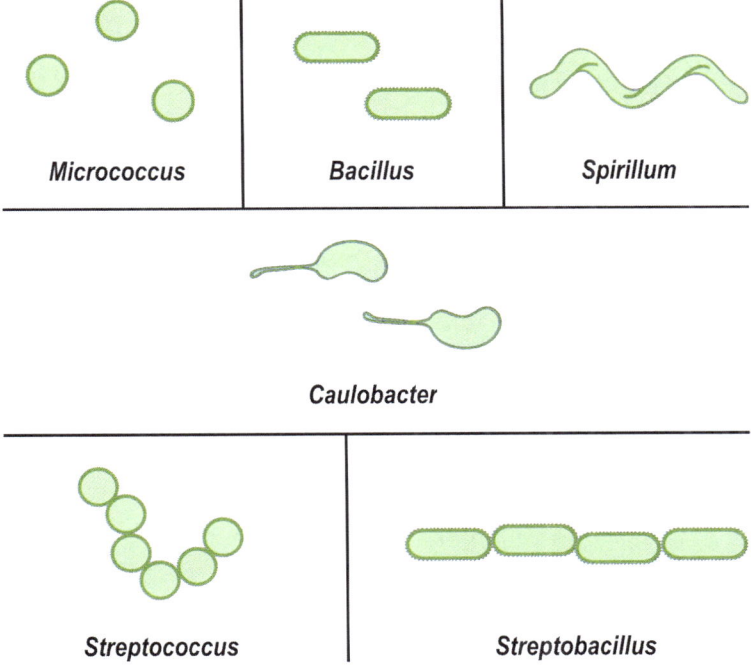

*Abb. 5: Die häufigsten Formen von Bakterien*

*Wirke auf dein Umfeld!*

Um zu verstehen, wie sich unsere Mitbewohner vermehren, wollen wir zunächst noch einen Blick in das Innenleben von Bakterien werfen. Ein Bakterienkörper hat keinen Zellkern, aber doch viele Bestandteile, die sich auch in tierischen oder in pflanzlichen Zellen finden lassen: *Zellmembran, Zellwand, Cytoplasma, DNA-Molekül* und *Ribosomen* (Abbildung 6). Die Zellmembran schirmt den Bakterienkörper nach außen hin ab. Die Zellwand sorgt für mechanische Stabilität und erhält so die Form aufrecht. Im Cytoplasma schwimmen das DNA-Molekül (das Erbgut) und die Ribosomen (Orte der Eiweißsynthese). Ferner gibt es speziell in Bakterien noch *Plasmide* (kleine Moleküle mit zusätzlicher genetischer Information). Einige Bakterien haben außerdem ein *Flagellum* zur Fortbewegung, *Pili* zum Anheften an andere Zellen oder Nahrung und/oder eine äußere *Schleimhülle,* die sie vor übermäßiger Austrocknung schützt.

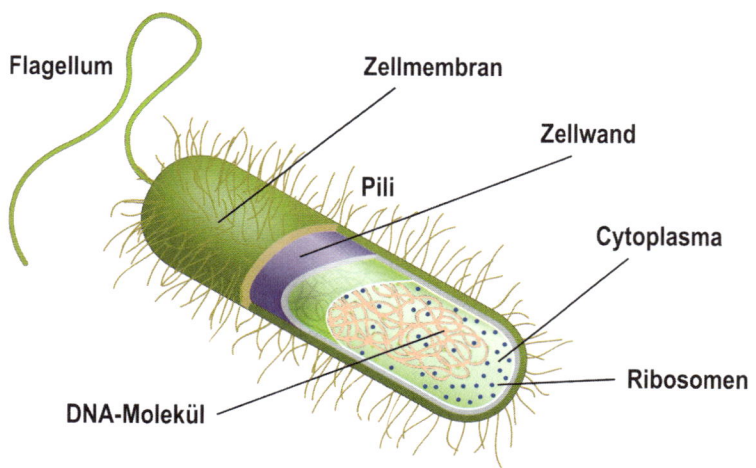

*Abb. 6: Aufbau eines Bakterienkörpers*

# EIN FOLGENSCHWERER IRRTUM

Bakterien vermehren sich durch Wachstum und Zellteilung. Während der Zellteilung, die einige Minuten, Stunden oder Tage dauern kann, werden alle Zellbestandteile verdoppelt. Dabei teilt sich der Bakterienkörper in zwei gleiche Tochterzellen auf. Abbildung 7 skizziert den gesamten Ablauf. Auf dem DNA-Molekül befindet sich ein spezieller Abschnitt, der sogenannte *ORI* oder *Origin of Replication* (auf Deutsch: Ursprung der Replikation). Von hier aus wird das komplette DNA-Molekül zunächst verdoppelt. Anschließend beginnt die eigentliche Trennungsphase, während der sich die Zelle durch *Einschnüren* oder *Knospen* so teilt, dass jede Tochterzelle wieder genau ein DNA-Molekül enthält. Die Tochterzellen sind identisch mit der Mutterzelle und autark. Abbildung 7 illustriert ein Einschnüren. Beim Knospen bildet sich wie bei einer Blütenpflanze zunächst eine kleine Knospe, die Tochterzelle, die dann später auf die normale Größe heranwächst. Auch »Einschnüren« und »Knospen« sind Beispiele, wie wir Verben anstelle von Substantiven verwenden können, um mehr in Prozessen zu denken.

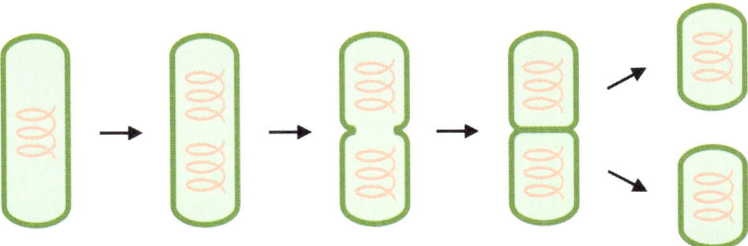

*Abb. 7: Ein Bakterienkörper vermehrt sich*

*Wirke auf dein Umfeld!*

Einen ganz besonderen Schnappschuss hält Abbildung 8 für uns bereit: zwei *Caulobacter* während der Zellteilung. Zwei Zellen mit Stiel (linke Bildhälfte) bilden durch Querteilung zwei Tochterzellen ohne einen Stiel aus (rechte Bildhälfte). Beide Tochterzellen besitzen dafür ein *Flagellum,* einen sehr schmalen Faden, mit dessen Hilfe sie sich nach erfolgreicher Abtrennung von der Mutterzelle allein fortbewegen können. Später bilden diese »Schwärmerzellen«[34] einen eigenen Stiel aus, mit dem sie sich dann an eine Oberfläche anheften oder Nahrung aufnehmen können.

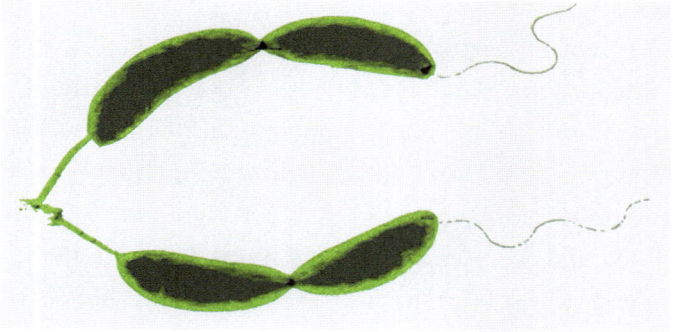

*Abb. 8: Caulobacter während der Zellteilung*

Auch bei der Zellteilung von Bakterien kann es während der Verdopplung des DNA-Moleküls zu kleinen Fehlern – also Mutationen – kommen. Über solche Mutationen hatten wir bereits im Virenkapitel gesprochen. Der biochemische Prozess einer Mutation ist in beiden Fällen der gleiche: Sowohl bei Viren als auch bei Bakterien kann bei der Verdopplung des Erbgutes eine Nukleinbase irrtümlicherweise durch eine andere Nukleinbase ersetzt werden (beispielsweise Adenin durch Thymin oder Adenin durch Cytosin). Und schon hat sich das DNA-Molekül ein wenig verändert. Dieser mitunter folgenschwere Irrtum – ein oder auch mehrere Kopierfehler im Erbgut – kann dazu führen, dass ein Virenkörper anders informiert und ein Bakterienkörper anders wirkt.

Allerdings unterscheiden sich virale und bakterielle Mutationen deutlich in der Art und Weise, wie sie die Evolution beeinflussen. Ein mutierter Virenkörper trägt lediglich neue Information mit sich herum. Er beeinflusst die Evolution nur dann, wenn er in eine Wirtszelle eindringt und diese so umprogrammiert, dass seine Information kopiert und verbreitet wird. Beim mutierten Bakterienkörper befindet sich die neue Information bereits im Erbgut einer lebendigen Zelle. Somit beeinflusst der mutierte Bakterienkörper die Evolution ganz automatisch, wenn er eine Bedingung erfüllt: Er muss weiterhin fähig sein, sich zu vermehren.

Abbildung 9 fasst die potenziellen Einflüsse von Mutationen auf die Evolution zusammen. Zusätzlich zu Viren und Bakterien habe ich auch Krebszellen in die Illustration mit aufgenommen, um Sie bereits auf das folgende Kapitel einzustimmen. Krebszellen sind schon mutierte, eukaryotische Zellen. Doch so zerstörerisch sie auch sind – sie beeinflussen nicht die Evolution, sondern nur einzelne Lebewesen. Dies mag ein Trost sein, wenn man wie ich die Evolution im Blick hat und nicht sich selbst. Abbildung 9 eignet sich auch, um meine Farbwahl näher zu begründen: Blau steht allgemein für sachliche Information; deshalb wählte ich entsprechend meiner Definition von »virend« (informierend) die Themenfarbe Blau für das Virenkapitel. Grün symbolisiert Hoffnung

*Wirke auf dein Umfeld!*

und Leben; weil Bakterien als kleinste Lebewesen gelten, hat das Bakterienkapitel die Themenfarbe Grün. Die Farbe Rot steht für Liebe und Leidenschaft, aber auch für Gefahr. Sie werden sich denken können, weshalb sich das Kapitel über Krebszellen in der Themenfarbe Rot präsentiert.

| mutierter Virenkörper | mutierter Bakterienkörper | Krebszelle |
|---|---|---|
| 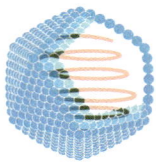 | 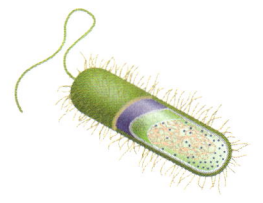 | 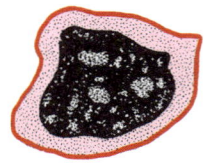 |
| beeinflusst Evolution, wenn er in Wirtszelle eindringt und diese umprogrammiert | beeinflusst Evolution, wenn er sich vermehrt | beeinflusst nicht die Evolution, sondern einzelne Lebewesen |

*Abb. 9: Potenzielle Auswirkungen von Mutationen*

Auch wenn wir Mutationen oft als bedrohlich empfinden – sie sind wichtig, denn ohne sie gäbe es gar keine Evolution. Jede Mutation führt zu einem Sprung, etwas völlig Neuem. Nicht nur eine Erbkrankheit oder ein bösartiger Tumor sind auf Mutationen zurückzuführen, sondern auch unsere positiven Fähigkeiten. Hier ist ein Beispiel: Irgendwann war es einem Lebewesen infolge einer zufälligen Mutation möglich, aufrecht zu gehen. Weil sich der aufrechte Gang als vorteilhaft erwies, war dieses Lebewesen das erste einer neuen Art und hat die Mutation an alle folgenden Generationen weitervererbt. Hätte der aufrechte Gang viele Nachteile mit sich gebracht, dann wäre diese Art schnell wieder ausgestorben. Die meisten Mutationen enden in einer Sackgasse; nur sehr wenige setzen sich durch. Dennoch sollten wir uns bewusst machen, dass nahezu alle Lebewesen – auch der Mensch – das Ergebnis unzähliger Mutationen sind.

## AUSGETRICKST!

Im vermeintlichen »Kampf« gegen Bakterien hat die Schulmedizin in den letzten Jahrzehnten viele Fortschritte erzielt. Allerdings sind auch Bakterien keine Feinde. Selbst wenn sie wissenschaftlich als »Lebewesen« eingeordnet werden, können wir ihnen keine Absicht unterstellen. Bakterien wirken auf ihr Umfeld entsprechend den Vorgaben ihres Erbgutes. Als Standardtherapie bei bakteriellen Erkrankungen gilt die Gabe von *Antibiotika*. Mit ihnen lässt sich unter anderem der Stoffwechsel in Zellen blockieren, folglich auch in Bakterien. Ihr Name, der sich von den altgriechischen Worten αντί (auf Deutsch: gegen) und βίος (auf Deutsch: das Leben) ableitet, weist aber darauf hin, dass es lebenszerstörende Substanzen sind. Antibiotika haben oft unerwünschte Nebenwirkungen, weil sie auch den nützlichen Bakterien im Körper schaden. Wie das Impfen sind sie ein Eingriff in die Evolution.

Leider hat die Schulmedizin in den vergangenen Jahren zu viel des Guten getan. Weil Antibiotika sehr oft verschrieben wurden, sind viele Bakterien inzwischen gegen sie resistent. Wieder rate ich uns, die Perspektive zu wechseln: Wie würden wir reagieren, wenn wir Ameisen wären und man uns den Weg versperren würde? Wir würden einfach einen anderen Weg wählen! Bakterien verhalten sich genauso. Wenn wir ihren Stoffwechsel mit einem Antibiotikum blockieren, kann eine Mutation im Erbgut ausreichen, um sie dagegen resistent zu machen. Und schon haben sie das Antibiotikum ausgetrickst! Es gibt aber Grund zur Hoffnung: Phagen lassen sich so *umprogrammieren*, dass sie gezielt bestimmte Bakterienstämme zerstören können.[35]

Wie bei den Viren gibt es auch bei den Bakterien enorm viele Möglichkeiten, wo neue Therapien ansetzen können: Schädigung der Zellmembran, Hemmung des Zellwandaufbaus, Umprogrammierung der DNA, Hemmung der DNA-Replikation. Bakteriolog*innen versuchen sogar schon, den wunden Punkt vieler Bakterien, das Flagellum, zu treffen.[36] So ließe sich beispielsweise verhindern, dass sich Salmonellen allein fortbewegen können.

## NÜTZLICHE BAKTERIEN

Die meisten Menschen nehmen Bakterien heute immer noch als Ursache von Krankheiten und Entzündungen wahr, auch wenn uns die moderne Naturwissenschaft mittlerweile ein anderes Bild vermittelt. Sie unterscheidet zwischen schädlichen und nützlichen Bakterien. Es gibt natürlich sehr gefährliche Bakterien, die eine Lungenentzündung oder Cholera auslösen können. In gesunden Menschen tummeln sich aber viel mehr nützliche Bakterien, die den Organismus am Laufen halten. Indem sie die schädlichen Bakterien abwehren, sorgen sie dafür, dass Stoffwechsel und Verdauung funktionieren und wir vor Eindringlingen geschützt sind.

## Nützliche Bakterien

Bei uns Menschen leben die meisten Bakterien im Darm, insbesondere im Dickdarm. Im Vergleich dazu ist die Bakteriendichte im Magen sehr gering, weil die Magensäure fast alle Bakterien abtötet. Auch ein gesunder Dünndarm ist nur dünn mit Bakterien besiedelt. Im Dickdarm bilden Bakterien zusammen mit Hefepilzen und Viren die sogenannte *Darmflora*. Die blumige Bezeichnung stammt noch aus einer Zeit, als Bakterien dem Pflanzenreich zugeordnet wurden. Heute sprechen Mediziner*innen vom *intestinalen Mikrobiom*. Darin befinden sich unter anderem die sehr nützlichen Laktobazillen und Bifidobakterien, die beim Abbau von Ballaststoffen Milchsäure produzieren und so ein darmfreundliches Milieu entstehen lassen. Zur Vorbeugung von Krankheiten ist eine große Bakterienvielfalt im Darm erstrebenswert.

Neben einer Unterstützung der Verdauung übernehmen unsere Bakterien im Darm noch viele andere nützliche Aufgaben: Sie verwerten die mit der Nahrung aufgenommenen Kalorien und tragen so zum Stoffwechsel bei; sie versorgen die Darmzellen mit kurzkettigen Fettsäuren und schützen so die Darmschleimhaut; sie verdrängen schädliche Bakterien; sie produzieren lebenswichtige Vitamine wie Vitamin B; sie stimulieren und trainieren unser Immunsystem. Fällt Ihnen etwas auf? Da stehen lauter Verben! Unsere Darmbakterien zeichnen sich aus durch ein permanentes Wirken.

Auch die menschliche Haut ist von Bakterien besiedelt – es sind etwa 100 bis 10 000 pro Quadratzentimeter.[37] Und viele dieser Bakterien sind nützlich. Sie dienen nicht nur als Schutzmantel gegen Krankheitserreger von außen, sondern wirken ebenfalls nach innen, indem sie wie die Darmbakterien unser körpereigenes Immunsystem aktivieren. Wer sich zu oft die Hände wäscht, läuft also Gefahr, den Schutzmantel zu verlieren und sein Immunsystem zu schwächen. Ohne Bakterien auf der Haut könnten wir nicht existieren.

Aus alledem lässt sich ableiten, dass auch Bakterien keine Wesen sind, die uns schaden wollen. Vielmehr handelt es sich um Prozesse, die in uns und auf uns wirken. Derartige Prozesse zeichnen sich dadurch aus, dass sie sich unterbrechen, steuern und in mancher Hinsicht umprogrammieren lassen. Was wir im objektorientierten Weltbild »Bakterien« nennen, nämlich kleinste Lebewesen oder einzellige Mikroorganismen ohne Zellkern, ist im prozessorientierten Weltbild ein Wirken. Deshalb definiere ich »bakteriend« als **wirkend.** Dieses Wirken findet auf der elementaren Ebene des Lebens statt. Wie ein Informieren kann auch ein Wirken für das Umfeld nützlich, neutral oder schädlich sein.

> *Auf dem Zusammenspiel von Informieren und Wirken beruht das Leben – die größte Erfolgsstory aller Zeiten.*

Mit »virend« und »bakteriend« in ein modernes Weltbild zu starten, hat seinen Grund: **Informieren und Wirken** sind die »Elementarprozesse im Leben«. Durch ihr Zusammenspiel wird Leben erst möglich. Das Informieren erfolgt über einen genialen Trick von Mutter Natur: Mit einem Universalcode (Adenin, Thymin, Cytosin, Guanin/Uracil) werden Informationen als Erbgut ver- und entschlüsselt. Das Wirken erfolgt über einen ebenso genialen Trick: Mit biologischen Prozessoren (Ribosomen, bei Eukaryoten auch Zellkerne) werden die im Erbgut codierten Aufträge ausgeführt. *In beiden Fällen ist Materie nur ein Mittel zum Zweck, also sekundär.*

Vielleicht wenden Sie jetzt ein, dass wir mit Verbformen nicht die große Vielfalt an Viren und Bakterien beschreiben können – gleichwohl sie die Dynamik eines Prozesses besser zum Ausdruck bringen als Substantive. Wenn Sie das Leben nur nach Erscheinungsformen klassifizieren wollen, mögen Sie recht haben. Mir ist bewusst, dass Substantive auch ihre guten Seiten haben: Unterschiedliche Viren oder Bakterien lassen sich anhand von Namen sehr gut klassifizieren. Doch für jede Mutation benötigen wir einen anderen Namen. Die Tatsachen, dass Viren und Bakterien mutieren können und dass sich Infektionsketten unterbrechen lassen, sind weitere Hinweise, dass es sich primär um Prozesse handelt.

Den Konflikt zwischen Substantivsprache (die Welt besteht aus Objekten) und Verbsprache (die Welt ist ein Wechselwirken) gibt es auch in der Physik. Viele Physiker*innen klassifizieren Materie nach Erscheinungsformen. Aber selbst wenn alle Elementarteilchen bekannt und der »Teilchenzoo« somit komplett wäre, bliebe die entscheidende Frage immer noch unbeantwortet: Was ist Materie? Entsprechend erwarte ich, dass auch beim Klassifizieren von Viren und Bakterien die spannendste Frage unbeantwortet bleibt: Was ist Leben? Wer Antworten auf diese Fragen sucht, wird weder bei den Teilchen noch bei den Viren- oder Bakterienkörpern fündig werden. Die Antwort steckt vielmehr im Wechselwirken dieser Strukturen, das heißt, wie sie agieren und wie sie auf ihr Umfeld reagieren. In Vielzellern wie uns Menschen müssen alle Zellen gut zusammenarbeiten. Was andernfalls geschehen kann, zeigt das nächste Kapitel.

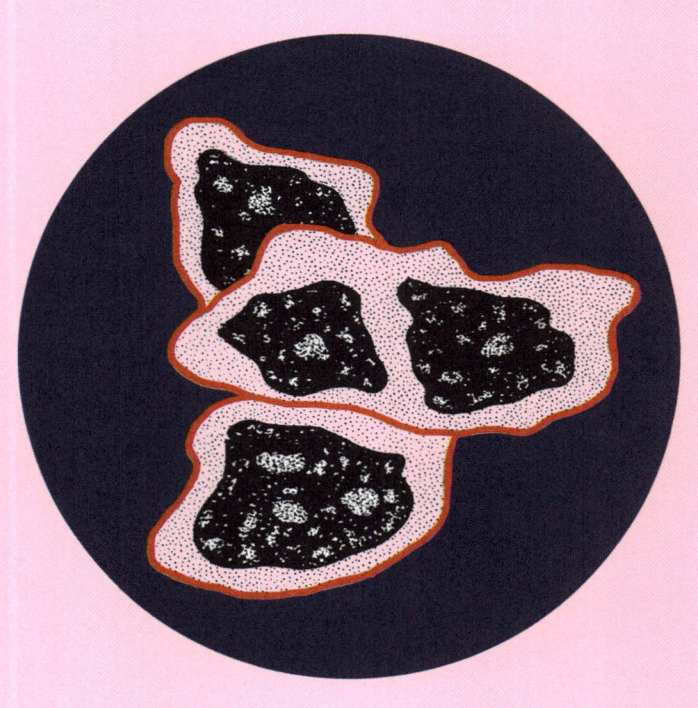

# KOMMUNIZIERE
# MIT DEINEM UMFELD!

*Kommuniziere mit deinem Umfeld!*

# GUT- ODER BÖSARTIG?

> KREBSZELLEN SIND NICHT IN DER LAGE,
> WIE GESUNDE ZELLEN ZU KOMMUNIZIEREN.[38]
> WERNER LOEWENSTEIN

Neben Viren und Bakterien begreifen wir auch Krebszellen oft als Feinde. Wie schwer mag das wohl Betroffenen fallen, weil es doch eigene Körperzellen sind? Ich schlage vor, dass wir mit dem Auffrischen einiger Schulkenntnisse beginnen! Abbildung 10 illustriert eine menschliche Zelle: »*Kernchen*« und *Zellkern* (1 und 2), *Ribosomen* für die Eiweißsynthese (3), *Transportvesikel* (4), *raues Retikulum* zur Membranproduktion (5), *Golgi-Apparat* für den Stoffwechsel (6), *Cytoskelett* für die Stabilität (7), *glattes Retikulum* für den Stoffwechsel (8), *Mitochondrien* als Energiespeicher (9) und *Zellmembran* (10).

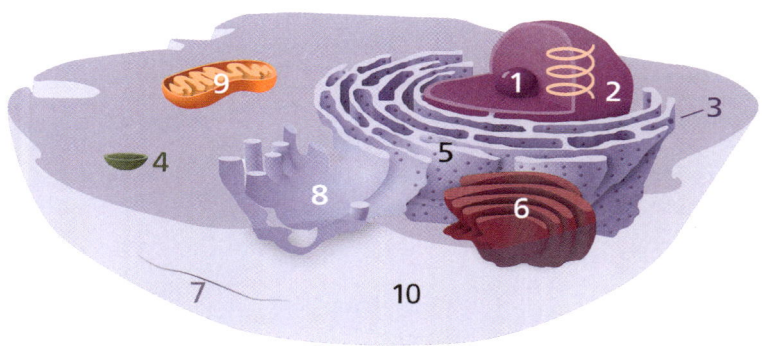

*Abb. 10: Aufbau einer menschlichen Zelle*

*Gut- oder bösartig?*

Zentraler Bestandteil jeder menschlichen Zelle ist ihr Zellkern. Weil er das kostbare Erbgut (DNA/RNA) enthält, liegt es an ihm, ob eine Zelle genetisch gesund ist oder nicht. Wie bei den Viren und den Bakterien kann auch die Replikation einer menschlichen Zelle zu Mutationen im Erbgut führen. Wenn diese Mutationen eine deutliche Änderung im Verhalten einer Zelle hervorrufen, dann heißt die betroffene Zelle »entartet«. Bei den entarteten Zellen werden *benigne* (gutartige) Zellen von *malignen* (bösartigen) Zellen unterschieden. Nur die **bösartigen Zellen** werden umgangssprachlich auch als »Krebszellen« bezeichnet. Die Wissenschaft, die sich mit den Krebserkrankungen befasst, heißt *Onkologie*.

Ein Tumor ist eine Geschwulst bestehend aus gutartigen oder bösartigen Zellen und zeichnet sich durch eine erhöhte Raumforderung aus. Ein gutartiger Tumor wächst langsam, grenzt sich vom umgebenden Gewebe ab und bildet keine *Metastasen* (Tochtergeschwülste) aus. Ein bösartiger Tumor wächst schnell, ist *invasiv* (er wächst ins umgebende Gewebe ein), und er streut über die Blutbahn oder über die Lymphe in andere Organe und setzt dort Metastasen. Tabelle 3 fasst die auffälligsten Unterschiede zusammen. Die *Mutationsrate* gibt die Zahl der Mutationen pro Zeiteinheit an.

| Kriterium | gutartiger Tumor | bösartiger Tumor |
|---|---|---|
| Wachstum | langsam | schnell |
| Abgrenzbarkeit | gut | schlecht |
| Metastasen | keine | möglich |
| Mutationsrate | niedrig | hoch |

*Tab. 3: Gutartige und bösartige Tumoren*

*Kommuniziere mit deinem Umfeld!*

Wollen wir uns mal anschauen, wie Patholog*innen beurteilen, ob entnommene Gewebeproben gut- oder bösartig sind? Abbildung 11 skizziert die Unterschiede zwischen gesunden Zellen (oben) und Krebszellen (unten). Letztere variieren in Zellform und -größe, haben einen großen, dunklen Zellkern und verfügen häufig über ungleich viele und/oder irregulär angeordnete *Chromosomen*, in denen das Erbgut gespeichert ist. Außerdem wachsen Krebszellen oft in Zellhaufen.

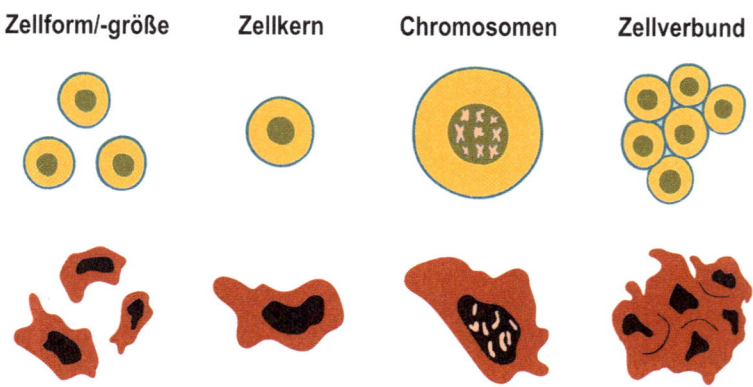

*Abb. 11: Vergleich von gesunden Zellen und Krebszellen*

Im sogenannten *Grading*[39] wird neben Form und Größe der einzelnen Zellen auch der *Differenzierungsgrad* des gesamten Gewebes bestimmt: Wie stark weicht die entnommene Gewebeprobe von einem gesunden Gewebe ab? Dabei steht G1 für »gut differenziert«: Die Struktur von gesundem Gewebe ist noch gut erkennbar, das heißt, diese Probe ist wenig bösartig. G2 kennzeichnet »mäßig differenziert«, G3 »schlecht differenziert«. G4 steht für »nicht differenziert«: Die Struktur von gesundem Gewebe ist gar nicht mehr erkennbar, das heißt, diese Probe ist sehr bösartig.

Bei einem bösartigen Tumor werden dann je nach Fortschritt der Erkrankung mehrere Stadien unterschieden. Die Einteilung erfolgt nach drei Gesichtspunkten:[40] T) die Größe des Primärtumors, N) das Vorhandensein von Lymphknotenmetastasen, M) das Vorhandensein von Fernmetastasen. Bei dieser *TNM-Klassifikation* (auf Englisch: *tumor, node, metastasis*) geben Ziffern hinter den Buchstaben Hinweise auf die Größe des Tumors und die diagnostizierten Metastasen. T1 N1 M0 steht für einen kleinen Tumor mit wenig Lymphknotenmetastasen und keinen Fernmetastasen.

Die Bezeichnung eines bösartigen Tumors orientiert sich am lateinischen Namen des Ursprungsgewebes und endet oft mit einem gewebespezifischen Term: *-karzinom* (Deck-, Drüsengewebe), *-sarkom* (Binde-, Knochen-, Muskelgewebe), *-melanom* (Haut) oder *-lymphom* (Lymphe). Hier sind einige Beispiele: *Bronchialkarzinom* (Lungenkrebs), *Mammakarzinom* (Brustkrebs), *kolorektales Karzinom* (Darmkrebs), *Pankreaskarzinom* (Bauchspeicheldrüsenkrebs), *Prostatakarzinom* (Prostatakrebs), *Liposarkom* (Krebs in Fettgewebe), *malignes Melanom* (Hautkrebs), *malignes Lymphom* (Lymphdrüsenkrebs).

Bisher haben wir uns ausschließlich mit der schulmedizinischen Definition und Einteilung von Krebszellen befasst sowie den daraus bestehenden bösartigen Tumoren. Wie die Virologie und Bakteriologie bedient sich auch die Onkologie der Substantive im materialistischen Weltbild. Wieder gibt es eine Alternative beruhend auf Verbformen, zu der ich Sie diesmal gleich am Start des Kapitels hinführen möchte. Besonders aufschlussreich ist die Beobachtung, dass gesunde

## Kommuniziere mit deinem Umfeld!

Zellen Grenzen respektieren. Sie sind fest in ihrem Gewebe – einer Zellgemeinschaft – verankert und wachsen nicht in die Nachbarschaft hinein. Warum gelingt es Krebszellen nicht, sich an die Regeln einer Gemeinschaft zu halten? Was läuft bei ihnen falsch?

Ich wünsche mir, dass Sie die Antwort selbst herausfinden. Dazu denken Sie bitte über ein vergleichbares Problem nach: Wie kommt es zu Hass und Hetze in den sozialen Medien? Was läuft falsch, dass sich manche Teilnehmer*innen nicht an die Regeln halten? Kleiner Tipp: Wir suchen keine Substantive, sondern ein Verb. Bitte schließen Sie das Buch, bis Sie glauben, eine Antwort gefunden zu haben!

Die Gründe für Hass und Hetze in den sozialen Medien sind sicher vielfältig. Bei allen böse agierenden Teilnehmer*innen lässt sich dennoch eine Gemeinsamkeit feststellen: Wer Hass und Hetze verbreitet, kommuniziert nicht nach den Regeln der sozialen Medien, die für alle zugänglich sind. Mit anderen Worten: Er/sie *kommuniziert fehlerhaft* mit dem Umfeld. Aus genau diesem Verhalten können wir die gesuchte Verbform für Krebszellen ableiten. Was wir im objektorientierten Weltbild »Krebszellen« nennen, ist im prozessorientierten Weltbild ein fehlerhaftes Kommunizieren. Deshalb definiere ich »krebsend« als **fehlerhaffft kommunizierend.**

*Gut- oder bösartig?*

Damit haben wir bereits drei neue Verbformen definiert: »virend« (informierend), »bakteriend« (wirkend) und »krebsend« (fehlerhafft kommunizierend). Die Wortschöpfungen sollen insbesondere bei den Patient*innen, Angehörigen und Wissenschaftler*innen ein Umdenken bewirken. Allein mit Definitionen lässt sich natürlich keine Krankheit heilen, aber eine andere Sichtweise/Perspektive kann durchaus das Verständnis fördern und langfristig auch zu neuen, womöglich besseren Therapieverfahren beitragen.

Die Einteilung in »gutartige« und »bösartige« Zellen halte ich für nicht zielführend, weil es in beiden Fällen körpereigene Zellen sind. Das ist so, als ließe sich die Menschheit in »gutartige« und »bösartige« Menschen einteilen. Es gibt uns Menschen aber nur als eine Art, und darum spreche ich von »böse agierend« und nicht von »bösartig«. Genau hier zeigt sich die Kehrseite unserer Substantivsprache: In Bezug auf das Substantiv »Art« sind »gut« und »böse« Adjektive. Diese suggerieren, dass Zellen oder Menschen von sich aus gut oder böse seien, aber dem ist nicht so. Im Gegensatz dazu ist »agierend« eine Verbform, und jetzt sind »gut« und »böse« Adverbien. Sie drücken aus, dass sich Zellen oder Menschen gut oder böse zu anderen Lebewesen *verhalten* können, aber nicht von sich aus gut oder böse *sind*. Es ist dieser feine Unterschied, der die Verbsprache auszeichnet. Substantive wie »Zellen« oder »Menschen« bergen immer die Gefahr, dass wir uns gegenseitig in Schubladen stecken. Demnach sind es unsere Substantive, die leider auch Hass und Hetze fördern. Eine Verbsprache wertet nicht über Zellen und Menschen. Sie beschreibt und bewertet das, was geschieht.

*Kommuniziere mit deinem Umfeld!*

Bitte haben Sie unsere Definition »fehlerhaffft kommunizierend« stets im Hinterkopf, wenn wir uns gleich wieder der materialistischen Sicht auf Krebs zuwenden werden. Diese Definition hat verglichen mit »bösartige Zellen« zwei große Vorzüge: 1) Sie kann uns darin unterstützen, auch Krebszellen nicht als Feinde zu begreifen; Krebszellen sind körpereigene Zellen, die fehlerhaft mit dem Umfeld kommunizieren. 2) Außerdem kann sie uns helfen, manche Heilungsprozesse in einem anderen Licht zu sehen; beispielsweise halte ich es für sinnvoll, sich zusätzlich zu medizinischen Therapieverfahren auch um eine innere Heilung zu bemühen.

## GRENZENLOS WACHSEN

Der Begriff »Krebszellen« geht auf das altgriechische Wort καρκίνος (auf Deutsch: Krebs) zurück. Bereits in der Antike verglich der griechische Arzt Galen von Pergamon die angeschwollenen Adern eines Tumors mit Krebsbeinen: »An der Brust sahen wir häufig Tumoren, die der Gestalt eines Krebses sehr ähnlich waren. Wie die Beine des Tieres an den Seiten des Körpers liegen, so verlassen die Venen den Tumor, der seiner Form nach einem Krebskörper gleicht.«[41] Tatsächlich trifft dieser Vergleich gut auf viele Krebserkrankungen zu, aber er bezieht sich natürlich nur auf das Erscheinungsbild, also die materialistische Sicht auf Krebs. Das kann auch gar nicht anders sein, weil alle Bilder, die wir uns von etwas machen, naturgemäß materialistisch sind. Wir malen Bilder, um uns Objekte zu veranschaulichen. *Nicht mal ansatzweise kann ein Bild ein Klingen wiedergeben.*

## Grenzenlos wachsen

Wie wäre es, wenn wir uns das unterschiedliche Sozialverhalten von gesunden Zellen und Krebszellen mal etwas genauer anschauen? Abbildung 11 rechts unten deutet an, dass sich Krebszellen nicht gut voneinander abgrenzen. Sie respektieren weder die Grenzen zu Nachbarzellen noch die Grenzen zu anderen Organen. Mit anderen Worten: Krebszellen wachsen grenzenlos. Gesunde Zellen »wissen« hingegen immer sehr genau, in welches Gewebe sie gehören und an welche Zellen sie sich anheften sollen. Sie wissen auch, wann es an der Zeit ist, sich zu vermehren, und wann es an der Zeit ist zu sterben.

Außer ihrem grenzenlosen Wachstum haben Krebszellen oft noch zwei andere »unsoziale« Eigenschaften: Zum einen haften sie nicht fest aneinander. Sie können sich von ihrem Zellverbund trennen und danach durch Blutgefäße oder das Lymphsystem wandern, um in einem anderen Gewebe oder Organ als Metastasen weiter zu wachsen. Zum anderen ist Krebsgewebe oft besser durchblutet als gesundes Gewebe. Wie jede Zelle benötigt auch eine Krebszelle für ihr Wachstum Nährstoffe und vor allem Sauerstoff. Krebszellen sind in der Lage, neue Blutgefäße wachsen zu lassen, mit denen sie Nährstoffe und Sauerstoff aus der Blutbahn zu sich umlenken – zulasten der gesunden Zellen! Diese Neubildung von Blutgefäßen heißt *Angiogenese* und gilt als ein wichtiger Schlüssel in der Krebsdiagnostik und -therapie.[42]

Es ist also klar geregelt, wie sich die Zellen im Organismus verhalten sollen. Gesunde Zellen befolgen die Regeln. Krebszellen folgen ihnen nicht, weil sie die Regeln entweder nicht kennen oder sie nicht verstehen. In beiden Fällen ist die Kommunikation mit dem Organismus gestört!

## Kommuniziere mit deinem Umfeld!

Bei der Replikation müssen wir diesmal zwei Prozesse unterscheiden: 1) Die Zellteilung einer gesunden Zelle, aus der eine Krebszelle hervorgeht; hier spielen viele Faktoren eine Rolle. 2) Die Zellteilung einer Krebszelle; dieser Prozess läuft oft schneller ab als bei gesunden Zellen.

Grundsätzlich betreiben unsere Körperzellen einen sehr hohen Aufwand, um das Erbgut vor Schäden zu schützen. Der korrekte Ablauf jeder Zellteilung wird gut überwacht, aber Kopierfehler lassen sich nicht immer vermeiden. Es ist beruhigend zu wissen, dass eine Mutation im Erbgut selten ausreicht, um Krebs entstehen zu lassen. Allerdings wächst die Zahl solcher Defekte mit jeder neuen Zellgeneration, sodass irgendwann doch eine erste Krebszelle entstehen kann. Eine steigende Lebenserwartung erhöht demnach auch das Risiko, eines Tages an Krebs zu erkranken. Forscher*innen haben bereits mehr als 500 Gene identifiziert, bei denen eine Mutation das Wuchern von Zellen begünstigen kann.[43]

In den meisten Fällen ist es unmöglich, die Ursache einer Mutation zu bestimmen. Viele Prozesse können dafür verantwortlich sein. Oft sind es einfach Kopierfehler nach dem Motto »Irren ist natürlich«. Darauf lassen sich zwei von drei Krebserkrankungen zurückführen, wie jüngste Forschungsergebnisse belegen.[44] »Schuld« war ein fehlerhafter Kopierprozess. Die Frage, was man falsch gemacht hat, führt dann nicht weiter. Nur für eine von drei Krebserkrankungen lassen sich Ursachen verantwortlich machen: Umwelteinflüsse (Rauchen, UV-Licht, radioaktive Strahlung), die Freisetzung toxischer Substanzen aus dem Stoffwechsel der Zellen, eine genetische Veranlagung (zum Beispiel bei Brust- und Darmkrebs) und virale oder bakterielle Infektionen.

*Grenzenlos wachsen*

Und wie erfolgt die Teilung einer Krebszelle? Anders als Bakterien verfügen Krebszellen wie alle eukaryotischen Zellen über einen Zellkern. Bei der Replikation einer Krebszelle (Abbildung 12) muss folglich auch der Zellkern verdoppelt werden. Diese Kernteilung geht der Zellteilung voraus. Weil das Erbgut an beide Tochterzellen weitergegeben wird, entstehen aus einer Krebszelle zwei neue Krebszellen.

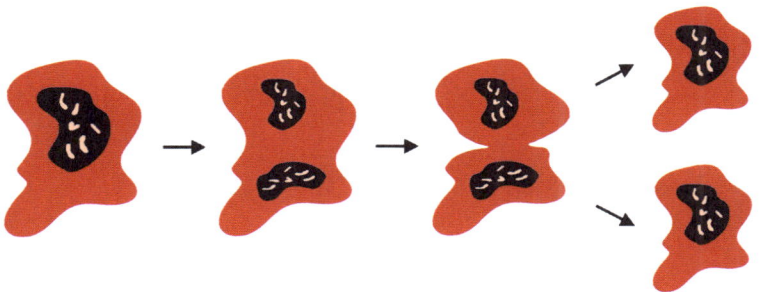

*Abb. 12: Eine Krebszelle vermehrt sich*

Die Häufigkeit der Zellteilungen wird *Teilungsrate* genannt. Sie gibt an, wie oft sich eine Zelle pro Zeiteinheit teilt. Generell gilt: Krebszellen teilen sich pro Zeiteinheit häufiger als gesunde Zellen. Die Teilungsrate hängt aber auch vom Alter der Patient*innen ab. Bei jungen Menschen vermehren sich Krebszellen oft deutlich schneller als bei älteren Menschen.[45] Im gesunden Gewebe befinden sich alle Zelltypen in einem ausgewogenen Verhältnis zueinander. Gesunde Zellen sterben in etwa dem gleichen Maße ab, wie sie sich vermehren. Im Gegensatz dazu vermehren sich Krebszellen schneller als sie absterben – das Gleichgewicht ist gestört.

*Kommuniziere mit deinem Umfeld!*

## GANZHEITLICH DENKEN

Unser Immunsystem hat sich sehr viele Wege »ausgedacht«, um gegen Krebszellen vorzugehen: *T-Lymphozyten* können mutierte Zellen aufspüren. *Monozyten* (»Fresszellen«) sind in der Lage, Krebszellen in sich aufzunehmen und unschädlich zu machen. Darüber hinaus überwachen sogenannte *Wächtergene* die Zellteilung und steuern Reparaturen im Erbgut, falls sie erforderlich sind.[46] Dieser »Reparaturdienst« kann sogar einen Zelltod veranlassen, wenn eine Reparatur nicht zum gewünschten Erfolg führt. Wie viele Generationen vor uns haben wohl daran mitgewirkt, dass wir heute über so einen Reparaturdienst verfügen? Mitunter sind die Wächter aber selbst von der Mutation betroffen, oder es sind einfach zu viele Mutationen. Dann bricht das ganze System zusammen, und die Krebszellen verlieren jegliches Gespür für das Wohlergehen ihres eigenen Organismus. Sie ignorieren alle Stoppsignale, die der Organismus aussendet.

Die auf den letzten Seiten beschriebene Denkweise entspricht dem *objektorientierten Weltbild.* Die Schulmedizin hat sich diese materialistische Sicht auf Krebs zu eigen gemacht. Sie sieht in erster Linie »bösartige Zellen«, die sich fehlerhaft verhalten. Im *prozessorientierten Weltbild* ist es genau anders herum: Fehlerhaftes Verhalten – nämlich fehlerhaftes Kommunizieren – erzeugt Krebszellen. Die Begründung: Sowohl das fehlerhafte Kopieren von Erbgut (was zur ersten Krebszelle führt) als auch das Ignorieren von Stoppsignalen (was zu allen folgenden Krebszellen führt) sind ein fehlerhaftes Kommunizieren! Erinnern Sie sich an das Vorwort? *Die Welt ist eher ein Klingen als ein Haufen Materie.* Solange der Orga-

*Ganzheitlich denken*

nismus »in Einklang« ist, bin ich gesund. Sobald die Stoppsignale – ich spreche von *Stoppklängen* – nicht mehr gehört oder verstanden werden, bin ich krank.

Auf den ersten Blick mag es nun sinnvoll erscheinen, alle fehlerhaft kommunizierenden Zellen abzutöten. Das erfolgt klassisch mittels Chemotherapie und/oder Strahlentherapie. Doch der Preis ist hoch: 1) Es sterben immer auch viele gesunde Zellen. 2) Die Immunabwehr wird stark geschwächt. 3) Es werden stets nur die Symptome beseitigt. Sicher wäre es für die Patient*innen besser, direkt gegen das fehlerhafte Kommunizieren vorzugehen. Dazu gibt es sogar auch schon erste Ansätze. Bei Brustkrebs können Antikörper gegen das Gen *HER2* dafür sorgen, dass das Signal für eine zu häufige Zellteilung unterbunden wird.[47]

Solange diese innovativen Therapieverfahren aber noch erforscht werden, halte ich es für sinnvoll, klassische Therapieverfahren mit innerer Heilung zu verknüpfen. Die innere Heilung dient dazu, den Körper in Einklang zu bringen. Der Einklang stellt sich ein, wenn ich glücklich bin. »Innere Heilung« ist also der Prozess, **der in meinem Körper abläuft, wenn ich glücklich bin.** Eine Anleitung zum Glücklich-Sein schenke ich Ihnen am Ende des Buches.

> *Ich heile von innen,*
> *wenn ich glücklich bin.*

Die Erfolge schulmedizinischer Therapieverfahren, über die wir gleich ausführlich sprechen werden, will ich keinesfalls kleinreden. Im Gegenteil – sie sind ein wichtiger Baustein im Heilungsprozess! Aber: Um dem Organismus langfristig zu helfen, sollten wir auch der Frage nachgehen, *warum* es dem Immunsystem nicht gelungen ist, die Krebszellen in Schach zu halten. Das objektorientierte Weltbild eignet sich gut, um Symptome zu beschreiben und zu beseitigen, aber es versagt bei allen Warum-Fragen. Die Antwort »weil Mutationen das Immunsystem umgangen haben« lasse ich nicht gelten, weil ihr die nächste Warum-Frage folgt: Warum hat das Immunsystem nicht alle Mutationen im Griff? Die Antwort hierauf kommt dem prozessorientierten Weltbild bereits sehr nahe: *Weil ein Immunsystem alles Neue zuerst fühlen und lernen muss.* Fühlen und Lernen sind Prozesse wie Informieren und Wirken, aber viel komplexer. Sie sind nötig, damit etwas wie ein Immunsystem *besser* werden kann. **Fühlen und Lernen** sind die »Optimierungsprozesse im Leben«. Ganzheitlich denken ist hier gefragt: Es hilft ungemein, sich selbst als mitwirkend im gigantischen Prozess »Leben« zu begreifen, der mit jeder neuen Generation noch ein wenig besser wird.

## STRAHLEN ODER CHEMO?

Blicken Sie auch manchmal zurück und wundern sich, wie sprunghaft das Leben oft verläuft? Selbst die Kapitel dieses Buches sind nicht fortlaufend entstanden. Am 30. März 2020 habe ich begonnen, das Vorwort zu schreiben. Schon damals war der gesamte Inhalt in meinem Kopf präsent. Aber dann verlief das weitere Schreiben eher sprunghaft: Während ich die ersten Kapitel zusammenstellte, zog es mich auch immer wieder in die zweite Buchhälfte, wo ich mich mit den vielen Facetten meines neuen Weltbildes befasste. So kam es, dass dann am 04. Februar 2021 alles fertig war – bis auf *Strahlen oder Chemo?* Dieses Unterkapitel hatte ich gescheut, weil es einem christlichen Gebot, dem Grundgedanken der Medizin und auch noch der Ethik widerspricht: Du sollst nicht töten. Krebszellen sind körpereigene Zellen. Wer sie tötet, zerstört immer auch ein wenig Menschheit.

Nachdem ich das Unterkapitel *Mit den eigenen Zellen tanzen* fertiggestellt hatte, das Sie anschließend lesen dürfen, ist mir jedoch schnell bewusst geworden, dass es bezüglich der Krebstherapien kein »absolut richtig« oder »absolut falsch« gibt. Was bei einem Menschen hilft, kann bei einem anderen wirkungslos oder sogar kontraproduktiv sein. Entscheidend ist, dass sich Patient*innen und deren Angehörige über verfügbare Therapieverfahren informieren und sich – wie Jay es gleich formulieren wird – »eine Routine bewahren«. Es gibt klassische und innovative Verfahren. Zur ersten Kategorie zählen Chirurgie, Chemotherapie und Strahlentherapie. Die zweite Kategorie, die selektiv auf Krebszellen wirkt, umfasst die photodynamische Therapie sowie molekularbiologische Therapien (Immuntherapie, Einsatz von Viren).

**Chirurgie**
Die operative Entfernung eines Tumors heißt auch *Resektion*. Sie ist dann erste Wahl, wenn der Tumor leicht zugänglich ist und komplett entfernt werden kann, ohne die benachbarten Organe zu beeinträchtigen. Ein sogenanntes *Rezidiv* entsteht, wenn doch nicht alle Krebszellen entfernt wurden und der Krebs nach einiger Zeit wiederkehrt. Ein weiterer Nachteil ist, dass Krebszellen beim Zertrennen der Blutgefäße in die Blutbahn gelangen und Metastasen setzen können.

*Kommuniziere mit deinem Umfeld!*

**Chemotherapie**
In vielen Fällen lässt sich ein Tumor nicht mehr chirurgisch entfernen, weil er bereits in benachbarte Organe hineingewachsen ist und/oder Metastasen gesetzt hat. Dann kann es sinnvoll sein, dem ganzen Körper toxische Chemikalien zu verabreichen – in der Hoffnung, dass dabei auch alle Krebszellen absterben. Allerdings ist das Verfahren nicht selektiv, das heißt, es werden dabei immer auch viele gesunde Zellen zugrunde gehen. Die Chemikalien werden über eine Vene in die Blutbahn eingeleitet und können sich danach im Körper verteilen. Bei Hirntumoren ist die Chemotherapie lediglich begrenzt anwendbar, weil eine Blut-Hirn-Schranke existiert, die nicht alle Stoffe durchlässt.

**Strahlentherapie**
Bei diesem Verfahren wird mithilfe von ionisierender Strahlung oder Teilchenstrahlung die Erbsubstanz so geschädigt, dass sich die Zellen nicht mehr teilen. Die Tumoren werden kleiner oder verschwinden. Allerdings ist auch die Strahlentherapie nicht selektiv – gesunde Zellen werden gleichfalls in Mitleidenschaft gezogen. Um den Schaden im gesunden Gewebe möglichst gering zu halten, wird eine *Bestrahlungsplanung* durchgeführt: Der Tumor wird erst exakt vermessen und danach aus unterschiedlichen Richtungen bestrahlt. Wo sich die Strahlwege kreuzen, sind die Gesamtdosis und die Schädigung am höchsten. Befindet sich dort der Tumor, so wird er vorrangig zerstört. In vielen Fällen kann es sinnvoll sein, Strahlentherapie und Chemotherapie zu kombinieren. Was die Strahlen nicht zu leisten vermögen, wird durch die zusätzliche Gabe von Chemikalien versucht.

## Photodynamische Therapie

Die photodynamische Therapie ist auch eine Art »Chemotherapie«. Allerdings werden hier eigentlich harmlose Chemikalien (Farbstoffe) eingesetzt, die erst in der Kombination mit Licht toxisch wirken. Der Vorteil liegt auf der Hand: Es sterben nur solche Zellen ab, in denen Farbstoff und Licht *gemeinsam* wirken. Man wählt also einen Farbstoff, der nach einer gewissen Zeit nur noch in den Tumorzellen vorhanden ist, und aktiviert dann selektiv im Tumor chemische Reaktionen mithilfe von Licht.[48] Allerdings kann nicht jeder Tumor mit dieser Art von Therapie behandelt werden. Er sollte für die Lichtstrahlen leicht zugänglich sein und noch keine oder nur wenige Metastasen gesetzt haben.

## Molekularbiologische Therapien

Immuntherapie und der Einsatz von Viren sind die jüngsten Verfahren zur Behandlung von Krebs. Bei der Immuntherapie macht man sich zunutze, dass sowohl Zellwachstum als auch Zellteilung über Botenstoffe gesteuert werden, die über die Blutbahn an die Zellen gelangen. Krebszellen haben oft zu viele *Rezeptoren* (Empfangsstationen) für die Botenstoffe, was dazu führt, dass sie zu schnell wachsen und/oder sich zu häufig teilen. Ein Verfahren besteht darin, die zugehörigen Rezeptoren zu blockieren. Ein zweiter Ansatz versucht, Krebszellen den Saft abzudrehen, weil auch die Neubildung von Blutgefäßen über Botenstoffe geregelt wird. Im dritten Ansatz werden Krebszellen in Fettzellen *umprogrammiert*[49] – ein weiterer Beleg, dass Krebszellen Prozesse sind. In einem vierten Verfahren kommen Viren zum Einsatz: Onkolytische Viren können gezielt Krebszellen auflösen.[50]

Kommuniziere mit deinem Umfeld!

## MIT DEN EIGENEN ZELLEN TANZEN

Zur wundersamen Heilung von Krebs gibt es viele Bücher, aber um Wunder geht es hier nicht. Ich bin fest überzeugt, dass es möglich ist, schulmedizinische Maßnahmen mit innerer Heilung zu verknüpfen. Auch Heilung ist ein Prozess – es geht ums Heilen! Ich kann hier nur Fallbeispiele präsentieren. Doch Sie werden bei jedem Bericht herauslesen, wie er/sie sich das Glücklich-Sein trotz Krebs bewahrt hat.

**Jay** war mein Klassenkamerad, als ich 1977/78 die *Fisher Junior High School* in Trenton, New Jersey, besuchte. Damals hatte mein Vater eine Gastprofessur am *Trenton State College,* und unsere Familie durfte ein ganzes Jahr in den USA leben. Mit Jay habe ich viele gemeinsame Stunden verbracht, insbesondere beim Tischtennis. Danach haben wir uns aus den Augen verloren, aber über soziale Medien gelang es uns im Januar 2021, wieder in Kontakt zu kommen.

**Stefanie** durfte ich 2015 auf der *49. Medizinischen Woche* kennenlernen, einem Kongress zur Komplementärmedizin. Sie sprach direkt vor mir über ihre Heilung. Zuvor war sie bereits im Hospiz und hatte nur noch wenige Tage zu leben. Stefanies Genesung hat mich dermaßen bewegt, dass ich mir erstmals auf einem Kongress meine Augen trocknen musste, ehe ich selbst vortragen konnte. Ich schlug Stefanie vor, ein Buch zu schreiben über das, was sie erlebt hatte.

**Jim** ist inzwischen mein kosmischer Bruder. Er war Professor für Ausländische Sprachen (unter anderem Deutsch) in San Antonio, Texas, und lebt jetzt im Ruhestand. Er hatte mein Debut *Lucy mit c*[51] gelesen und mir angeboten, meine weiteren Schriften zu übersetzen. Seitdem sind bereits zwei meiner Werke in der englischen Sprache erschienen.[52, 53] Jim wird uns gleich von seiner Krebserfahrung berichten. Er hat sogar eine kleine Zeichnung beigefügt.

## Jay

Hi Mark, gerne bin ich bereit, meine Erfahrungen mit Krebs und den Weg meiner Genesung für dein Buch aufzuschreiben. Während der Erkrankung sind diese fünf Aspekte am wichtigsten: 1) Sich eine Routine bewahren, die sicherstellt, dass du noch geistig und körperlich aktiv bist. Für mich war das die Schule, denn ich erkrankte bereits mit 16 Jahren an einem Keimzelltumor. 2) Mit Freunden in Kontakt bleiben, auch wenn man selbst Gewicht und Haare verliert und sich oft müde fühlt. Viele Menschen haben Mitgefühl, aber man muss ihnen auch zeigen, dass ihr Mitgefühl willkommen ist. 3) Eine Art »spirituelle Hilfe« erhalten. In meinem Fall war es die Jugendgruppe meiner Kirche. Dieses Umfeld gab mir das Gefühl, stark zu sein. 4) Medizinisches Cannabis ist ein gutes Mittel, um die Chemo zu überstehen. Ich wollte es erst nicht nehmen, aber es hilft. 5) Die OPs und auch die Chemo waren notwendig, obgleich sie mir oft das Gefühl gaben, die Kontrolle über meine Zukunft zu verlieren.

Zurückblickend denke ich heute: Die ersten vier Aspekte haben mir die Hoffnung und Stärke verliehen, um den sehr negativen, aber notwendigen fünften Aspekt zu überstehen – die medizinischen Therapien. Während meiner Genesung nutzte ich Sportangebote, und ich spielte Saxophon in einer kleinen Band. Dieses gemeinschaftliche Musizieren hat mir ungemein viel Kraft zurückgegeben! Natürlich empfand ich

*Kommuniziere mit deinem Umfeld!*

auch Wut und Unverständnis über das Geschehene. Sicher wäre eine psychologische Unterstützung hilfreich gewesen. Erst im College habe ich v iel über meine Krankheit gelesen. Das hat mir geholfen, mein Leben besser zu verstehen.

### Stefanie

»Ich habe den Befund vorliegen«, setzt der Arzt an … Komm zur Sache, denke ich. »Leider sieht es gar nicht gut aus«, fügt er hinzu … »Das MRT zeigt sechzehn Hirnmetastasen«, sagt er schließlich. »Sechzehn?«, frage ich ungläubig. Mein Mantra hilft mir, nicht sofort in Tränen auszubrechen.[54]

*Und dann, nach ihrer Genesung:* Völlig unerwartet ist mir wieder Leben geschenkt worden, an einem Punkt, an dem das niemand erwartet hätte … Innerlich bin ich eine andere geworden. Ich habe eine vollkommenere Sicht auf Abgrenzung und Aggression bekommen. Die Liebe zu mir selbst ist größer und selbstverständlicher geworden. Meine Sicht auf Leben und Tod, meine Spiritualität hat eine tiefe vertrauensvolle Basis. Ich sehe jeden Moment als ein Geschenk an. Das Hier und Jetzt ist das, was zählt, hier spielt sich alles Leben ab. Hier ist es egal, was war und sein wird.[55]

Die Liebe ist meiner Meinung nach die größte heilende Kraft. Richten Sie den Fokus Ihres Bewusstseins immer wieder auf die vielen und kleinen liebevollen Momente. Eine Schwester, die Ihnen sagt, dass Sie heute Morgen gut aussehen, die kleinen Vögel im Baumwipfel, die turtelnd die Zeit vergessen, die warme Hand eines Freundes auf Ihrer Haut, die wunderschöne Ausstrahlung eines im Spiel versunkenen Kindes … und so vieles mehr.[56]

Stefanie ist es gelungen, von innen zu heilen und weitere Jahre zu leben. Sie erfüllte sich auch noch ihren ganz großen Wunsch vom Reiten in Südamerika. Im April 2019 ist sie für immer von uns gegangen.

**Jim**
Ich hatte alles, was ich wollte – eine mich liebende Frau und Familie, einen guten Job und ein schönes Heim. Perfekt. Der *American Dream*. Und siehe da! Mein eigener Körper sandte mir eine Botschaft. Wie konnte dies geschehen? Meine Frau sah eines Tages mehrere harte Knoten in meinem Oberarm. Sie war sofort alarmiert; ich war viel zu beschäftigt gewesen, um diese selbst zu bemerken. Der Arzt diagnostizierte einen bösartigen Tumor, und schon nach 72 Stunden lag ich flach auf dem Rücken – auf der Krebsstation eines großen städtischen Hospitals – und schaute dem Tod in die Augen.

Hätten Sie während der 14 Monate vor der Diagnose in mein Inneres sehen können, Sie würden alles verstehen! Ein ungelöster Konflikt kann sich tief in die menschliche Seele bohren – und noch viel weiter. Ich fühlte, wenn ich diesen Konflikt, der in mir schlummerte, nicht lösen könnte, dass mir dann die Zeit ausgehen würde und ich wahrscheinlich sterben müsste. Ich konnte einfach nicht entkommen. Furcht und Panik ergriffen mich.

Dieser Weckruf veränderte mein Leben. Ich betete. Ich wandte mich an alle geliebten Freunde. Aber ich wusste tief in meinem Herzen: Dies ist mein Krebs. Mein Heilungsprozess wurde zur Selbstfindung und Transformation. Jetzt ist es mein Leben! Ein Krebschirurg aus Yale riet mir, zu medi-

## Kommuniziere mit deinem Umfeld!

tieren und dabei zu sehen, wie meine Zellen – aber nicht nur meine Krebszellen – mit mir tanzen und mit Liebe und Licht erfüllt sind. Also begann ich, zu meditieren und mit meinen Zellen zu tanzen – liebevoll und nackt im Sonnenlicht! Ich sah meinen Zellen zu, wie sie symmetrisch in Wellen tanzten, vor sanften Hintergrundfarben glühten und gemeinsam mit den Sternen strahlten (Abbildung 13). Seither stelle ich mir oft vor, wie sich meine Zellen rhythmisch vor sanftem Hintergrund bewegen. Meine Zellen sind nicht mein Feind. Wie könnte ich in Harmonie mit dem Kosmos leben, wenn ich nicht in Harmonie mit mir selbst bin?

*Abb. 13: Mit den eigenen Zellen tanzen (gemalt von Jim)*

Ohne medizinische Maßnahmen hätte ich gar nicht mehr die Zeit gehabt, um zu heilen und meinen inneren Konflikt zu lösen. Doch alle medizinischen Maßnahmen wären umsonst gewesen, wenn ich nicht auch mein Innenleben auf »Genesen« umgestellt hätte. Mein Krebs wuchs, und es folgte eine Operation auf die nächste. Ich weiß noch, wie ich den Ärzten und Schwestern während all den Wochen in die Augen geschaut habe. Das hat mich aufgebaut. Wir haben gegenseitig an uns geglaubt. Wir waren alle miteinander verbunden. Wir waren ein Team darin, *unseren* Therapieplan zu vollenden! Ich erinnere mich gut, wie ich in den warmen Himmel schaute, als ich vom Hospital entlassen wurde. Es war nicht wirklich ein Albtraum – es war nur ein Traum.

Heute bin ich ein anderer. Ich spüre viel mehr das Bedürfnis nach Liebe. Ich umarme alles. Ich lache viel. Ich habe Spaß mit allem und jedem – einfach so! Über wen hat die Schwester wohl gesprochen, als ich noch auf der Krebsstation war und sie jemanden fragte: »Welcher Idiot geht dort den Gang hin und her und umarmt alle Menschen?«

Keine Rückkehr von Krebs. Ich habe es wohl geschafft – einige meiner lieben Freunde nicht. Aber irgendwie scheint das alles nicht wirklich zu zählen. Was mir heute Trost gibt, ist, dass ich nun weiß, genau weiß, dass wir alle gemeinsam hier sind. Ich zitiere den Schlussgedanken aus *Die Brücke von San Luis Rey* von Thornton Wilder: »Wir selbst werden für eine Weile geliebt und dann vergessen. Aber die Liebe wird genug gewesen sein. All diese Liebesimpulse kehren zu der Liebe zurück, die sie erschaffen hat. Die Liebe bedarf nicht einmal der Erinnerung. Da ist ein Land der Lebenden und ein Land der Toten, und die Brücke ist die Liebe – das einzig Bleibende, der einzige Sinn.«[57]

# ES ZÄHLT,
# WAS GESCHIEHT

## WAS IST EIGENTLICH EIN PROZESS?

> PHILOSOPHIE BEGINNT IM STAUNEN.
> UND AM ENDE, WENN DAS PHILOSOPHISCHE DENKEN
> SEIN BESTES GEGEBEN HAT, BLEIBT DAS WUNDER.[58]
> ALFRED NORTH WHITEHEAD

Herzlich willkommen zur zweiten Hälfte des Buches, in der wir nun nicht mehr materielle Erscheinungsformen der Evolution in den Vordergrund stellen werden, sondern das, was geschieht. Diese sicher ungewöhnliche Sicht auf das Leben hatte ich bereits angebahnt, als ich ausführte, wie sich Viren, Bakterien und Krebszellen als Verbformen begreifen lassen: als ein Informierend, ein Wirkend beziehungsweise ein fehlerhaftes Kommunizierend.

Wollen Sie mich auch auf dieser zweiten Reise begleiten? Wir werden unter anderem ein höchst verblüffendes Experiment aus der modernen Physik kennenlernen, das uns gar keine andere Wahl lässt, als unser Weltbild zu ändern. Und wir werden lernen, wie wir uns selbst als Prozesse begreifen können. Allerdings starten wir wieder mit einem Problem: Wir wollen über das sprechen, was geschieht, aber mir fällt auch nach reiflichem Überlegen kein besseres Wort ein als Prozesse, also ein Substantiv. Wie Alfred North Whitehead entscheide ich mich dennoch für diesen Sammelbegriff, weil er immerhin von einem lateinischen Verb abstammt: *procedere* (auf Deutsch: vorwärtsgehen, fortfahren).

## Was ist eigentlich ein Prozess?

Ein »Prozess« ist **die zeitliche Abfolge von Ereignissen.** Ein »Ereignis« ist etwas, **was an einem bestimmten Ort zu einer bestimmten Zeit geschieht.** Historisch betrachtet hielt der Prozessbegriff erst Ende des 18. Jahrhunderts Einzug in die Wissenschaft, als die *statisch-klassifizierende Beschreibung* einer Objektwelt ergänzt wurde durch *dynamische Theorien* einer Prozesswelt. Der Einzug erfolgte in allen Basisnaturwissenschaften: zuerst in der Chemie, dann in der Biologie und schließlich auch in der Physik.

In der Chemie führten der französische Chemiker Antoine Laurent de Lavoisier und seine Frau Marie-Anne präzise Gewichtsmessungen bei Verbrennungsprozessen durch und formulierten 1774 die bis heute gültige *Theorie der Oxidation.* Sie erklärten den Verbrennungsprozess zum ersten Mal mit der Aufnahme von Sauerstoff aus der Luft.[59] Die Lavoisiers wiesen auch nach, dass Wasser kein chemisches Element ist, sondern eine Verbindung, die sich aus Wasserstoff und Sauerstoff zusammensetzt.

In der Biologie ebnete Jean-Baptiste Lamarck, ein französischer Zoologe, den Weg für Darwins *Evolutionstheorie:* Er behauptete 1802, dass Organismen fähig seien, sich an eine veränderliche Umwelt anzupassen.[60] Auch wenn sich seine weiteren Gedanken hierzu als falsch erwiesen, führte er mit dem »Sich-Anpassen« den Prozessbegriff in die Biologie ein. Danach vergingen noch ein paar Jahrzehnte, bis schließlich der britische Naturforscher Charles Darwin die natürliche Auslese als Grundmechanismus der Evolution erkannte und beschrieb.[61] Heute sind sich die Naturwissenschaftler*innen weitgehend einig, dass Darwins Theorie die Evolution des Lebens korrekt beschreibt.

In der Physik wurden zeitliche Vorgänge auch schon vor dem 19. Jahrhundert untersucht, aber bis dahin stand stets das am Vorgang beteiligte, materielle Objekt im Mittelpunkt und nicht der Vorgang selbst. Das änderte sich erst 1865, als es dem schottischen Physiker James Clerk Maxwell gelang, die elektrische und die magnetische Kraft in einer Theorie zusammenzuführen:[62] In der *Theorie der Elektrodynamik* entspringen beide Kräfte einem gemeinsamen elektromagnetischen Feld. Seitdem werden in der Physik unterschiedliche Felder und die von ihnen ausgehenden Kräfte erforscht. Ein Feld, das sich zeitlich ändert, lässt sich als Prozess begreifen. Inzwischen streben viele Physiker*innen nach einer einheitlichen Feldtheorie, die alle Kräfte (elektromagnetische Kraft, starke Kraft, schwache Kraft, Gravitationskraft) in sich vereinigt. Allerdings gibt es auch Kolleg*innen, die versuchen, weitere »Elementarteilchen« zu finden und damit kundtun, dass sie an der statisch-klassifizierenden Beschreibung einer Objektwelt festhalten.

Allgemein lassen sich Prozesse einteilen in *vorhersagbare* und *nicht-vorhersagbare* Prozesse sowie in *rekursive* und *nicht-rekursive* Prozesse. In manchen Fachbüchern wird auch noch zwischen *deterministischen* Prozessen und *stochastischen* Prozessen (»Zufallsprozessen«) unterschieden.[63] Diese zusätzliche Einteilung lehne ich ab, weil nur das Verursachen einer Wirkung Zeit in Anspruch nimmt und Zufall etwas ist, was nicht durch etwas anderes verursacht ist. Folglich erstreckt sich ein zufälliges Ereignis nie über einen Zeitraum, sondern geschieht zu einem ganz bestimmten Zeitpunkt. Ich halte es für angemessen, von einem »Zufallsereignis« und nicht von einem »Zufallsprozess« zu sprechen.

## Was ist eigentlich ein Prozess?

Ich liebe es, Sachverhalte mit anschaulichen Bildern zu vermitteln. Stellen Sie sich einen Apfel auf einem Baum vor. Aus der Knospe hat sich eine Blüte und daraus mit der Zeit die Frucht entwickelt. Nun ist der Apfel reif, und jedes Kind kann vorhersagen, was geschehen wird: Der Apfel wird sich vom Baum lösen und hinunterfallen. Bei Windstille können wir sogar sehr genau vorhersagen, wo und wann der Apfel auf der Wiese landen wird.

Im Gegensatz zu diesem vorhersagbaren Prozess gibt es Abläufe, die wir nicht vorhersagen können. Denken Sie zum Beispiel an ein Würfelspiel mit Ihren Freund*innen. Rührt die Faszination des Spieles nicht genau daher, dass niemand vorhersagen kann, wie die Würfel fallen werden? Wir können das Ergebnis nicht vorwegnehmen, aber dennoch ist es nicht zufällig. Zu jedem Zeitpunkt bewegen sich die Würfel nach den Gesetzen der Mechanik. Allerdings ist die Bewegung so komplex und hängt von so vielen Faktoren ab, dass sie sich nicht vorhersagen lässt.

Was viele Menschen nicht wissen: Zufall ist etwas ganz Erhabenes. Wenn etwas zufällig geschieht, so ist es deshalb nicht vorhersagbar, weil es gar nicht absehbar war! Wieder möge uns ein Bild dienen: Es ist absehbar, dass ein Würfel immer auf einer Eins, Zwei, Drei, Vier, Fünf oder Sechs landen wird. Es ist auch absehbar, dass die Lottozahlen immer zwischen 1 und 49 liegen. Somit ist selbst das Ergebnis einer Lottoziehung niemals zufällig. Tatsächlich gibt es wohl nur sehr wenige Beispiele für Zufall im Kosmos. In einem späteren Kapitel dürfen wir eines davon kennenlernen: Ich werde zeigen, dass der Beginn von Leben auf der Erde ein zufälliger Akt war und woanders wohl noch sein wird.

## TÄGLICH GRÜSST DAS MURMELTIER

Jeder von uns hat seine eigenen Lieblingsfilme. Auf meiner Liste steht ein Film ganz oben: *Und täglich grüßt das Murmeltier* aus dem Jahr 1993. Darin spielt Bill Murray einen Wettermoderator, der einen bestimmten Tag aus dem Kalender immer wieder erlebt, bis er schließlich sein arrogantes Auftreten ändert und weiterleben darf.

Was hier in einem Spielfilm thematisiert wird, hat sogar einen wissenschaftlichen Namen: Ein »rekursiver Prozess« ist ein Prozess, **der mit verschiedenen Anfangsbedingungen mehrfach durchlaufen wird.** Die Anfangsbedingungen geben beispielsweise an, wo sich die am Prozess beteiligten Objekte am Start befinden und wie schnell sie sich bewegen. Im Spielfilm sind auch rekursive Prozesse mit identischen Anfangsbedingungen möglich (für Bill Murray beginnt jeder Tag genau gleich), aber in der Praxis lassen sich solche Prozesse nicht verwirklichen. Die am Prozess beteiligten Objekte werden nie wieder exakt am gleichen Ort sein und exakt dieselbe Geschwindigkeit haben.

Wir alle kennen ein wunderbares Beispiel für einen realen, rekursiven Prozess: den Kreislauf von Wasser auf unserem Planeten. Wasser fällt als Niederschlag aus den Wolken, gelangt über Bäche und Flüsse ins Meer, verdampft bei Sonneneinstrahlung und kondensiert schließlich wieder in den Wolken. Ein einzelnes Wassermolekül kehrt dabei aber nie an denselben Ort zurück, das heißt, der Prozess startet jeden Durchlauf mit anderen Anfangsbedingungen. Sinnieren Sie bei Ihrem nächsten Glas Wasser darüber, dass Teile dieses kostbaren Nasses vielleicht schon am Südpol waren!

Ein »nicht-rekursiver Prozess« ist ein Prozess, **der bloß ein einziges Mal durchlaufen wird.** Das beste Beispiel, was mir hierzu einfällt, ist unser eigenes Leben. Wir alle starten aus einer Eizelle und einer Samenzelle, entwickeln uns zum Embryo, erblicken als Baby das Licht der Welt, wachsen und gedeihen, bis wir eines Tages hoffentlich erwachsen werden und irgendwann das Zeitliche segnen.

## DAS HUHN ODER DAS EI?

Kaum jemand hat unsere Rolle im Kosmos so grundlegend hinterfragt wie der britische Naturforscher Charles Darwin. Nachdem er sein Medizinstudium abbrach, wurde er zuerst Theologe. Darwin war begeistert von der Naturphilosophie seines Landsmannes William Paley und dessen Uhrmacher-Analogie: Eine designte Welt setzt einen Designer voraus – Gott! Darwin verschlang Paleys *Natürliche Theologie*.[64]

Es war ein großer Glücksfall, dass Darwin im Alter von 22 Jahren eingeladen wurde, an einer Weltumsegelung teilzunehmen. Am 27. Dezember 1831 stach der junge Theologe an Bord der *HMS Beagle* in See. Zunächst hatte er noch fest geglaubt, dass Gott jede Art unter den Lebewesen individuell erschaffen habe. Doch nach fünf Jahren auf dem Ozean vermittelten ihm seine Naturbeobachtungen ein völlig anderes Bild: Er entdeckte Meeresfossilien auf 4000 Meter hohen Gipfeln in Südamerika, er bemerkte Verwandtschaften unter isoliert lebenden Schildkröten auf den Galapagosinseln, und er konservierte 1529 biologische Arten, darunter finkenähnliche Singvögel von den Galapagosinseln.[65]

Nach seiner Rückkehr im Oktober 1836 schenkte er sie John Gould vom Museum der *Zoological Society of London*. Gould untersuchte die Vögel und stellte fest, dass zwischen ihnen keine klaren Artgrenzen bestanden. Darwin hatte den Vögeln während seiner Rückreise nach England noch keine große Beachtung geschenkt. Natürlich waren auch ihm die deutlich variierenden Schnabelformen (Abbildung 14) nicht entgangen, aber sie bekräftigten nur seine Annahme, dass es sich um Vertreter verschiedener Arten handelte.

*Abb. 14: Darwins Finken*

Erst intensive Gespräche mit John Gould führten Darwin zu seiner bahnbrechenden Deutung der auffallenden Schnabelvariationen. Die Vögel passten sich an das unterschiedliche Nahrungsangebot auf den einzelnen Inseln an: dicke Schnäbel für Körner, spitze Schnäbel für Insekten! Die Anpassung erfolgte über einen Prozess, den Darwin *natürliche Auslese*[66] nannte. Nur Vögel mit der richtigen Schnabelform konnten überleben; alle anderen starben aus.

Die Schnäbel der finkenähnlichen Singvögel waren aber nur ein Mosaikstein in Darwins Gedankengang. Zusammen mit den anderen Funden ergab sich schließlich ein Weltbild, das die damals noch gültige Schöpfungsbiologie widerlegte. Die vielen biologischen Arten sind gar nicht individuell und unveränderlich von einem Schöpfergott erschaffen worden, sondern sie entwickeln sich allmählich im Verlauf einer natürlichen Auslese: Es überleben nur solche Arten, die gelernt haben, in Harmonie mit der Natur zu leben!

Es vergingen weitere 20 Jahre, bis Darwin schließlich im November 1859 sein Lebenswerk publizierte: *On the Origin of Species*[67] (auf Deutsch: Über die Entstehung der Arten). In diesem Buch stellte er fünf revolutionäre Behauptungen auf: die Arten sind veränderlich, die Artbildung erfolgt in kleinsten Schritten, die Arten vermehren sich in Populationen, alle Lebewesen stammen voneinander ab, die natürliche Auslese ist die treibende Kraft der Evolution. Darwin untermauerte seine Thesen mit mehreren wissenschaftlichen Belegen. Den Grundgedanken der Evolution skizzierte er erstmals in seinem *Notizbuch B*.[68] Auf seine Worte »I think« (auf Deutsch: ich denke) folgt ein Baum mit vielen Ästen, an deren Enden sich die biologischen Arten befinden. Diese Skizze war die Geburtsstunde der Evolutionstheorie.

Auf keiner Seite in seinem Werk weist Charles Darwin der Menschheit eine besondere Rolle während der Evolution zu. Deshalb ist jedem, der sein Buch liest, sofort klar, dass auch der Mensch vom Tier abstammt und nicht die Sonderanfertigung eines Gottes gewesen war. Damals war das ein unerhörter Affront gegen die Überzeugung der Kirche, dass der Mensch die Krone der Schöpfung sei und Gott ihn erschaffen habe, um sich »die Erde untertan zu machen«.[69] Die Molekulargenetik hat jedoch die gemeinsame Abstammung von Mensch und Menschenaffe inzwischen eindeutig nachgewiesen: 99 Prozent der Gene von Mensch und Schimpanse sind identisch.[70] Außerdem sind unsere Gene mit demselben Code verschlüsselt wie bei fast allen anderen Lebewesen.[71] Abweichende Codes wie in Hefe[72] legen nahe, dass die Entstehung von Leben kein einmaliges Ereignis war.

Die Evolutionstheorie widerspricht nicht dem Grundgedanken der biblischen Schöpfungsgeschichte, auch wenn es oft behauptet wird. Wir müssen uns nur eines klarmachen: Damals, also vor 2000 Jahren, hatten Menschen noch keinerlei Vorstellung von Zahlen wie »eine Milliarde Jahre«. Es lag nahe, die Schöpfung der Welt in Tage aufzuteilen. Doch die Reihenfolge in der Schöpfungsgeschichte – erst Licht, dann Himmel (Gas!), Wasser, Land, Pflanzen, Tiere, der Mensch – entspricht 1:1 dem Ablauf, wie wir uns heute in den Naturwissenschaften die Entstehung der Welt vorstellen.

Weltweit haben die Forscher*innen Darwins Evolutionstheorie inzwischen akzeptiert. Umso unverständlicher ist es mir, dass die meisten von uns immer noch an die Individualität jedes Menschen glauben, obwohl sie doch seit Darwins Entdeckung wissen, dass die vielen biologischen Arten nicht individuell erschaffen wurden. Die Ungereimtheit tritt noch deutlicher hervor, wenn ich sie als provokante Frage formuliere: Es gibt keine individuellen Arten, weil alles Leben von einem oder wenigen Vorfahren abstammt – wie könnten wir Menschen angesichts dessen Individuen sein?

Das lateinische Wort *individuum* bedeutet wörtlich übersetzt »Unteilbares«. Es steht für das kleinste Element einer Menge, das sich nicht mehr zerlegen lässt und sich von allen anderen Elementen abgrenzt. Sicher sind wir die kleinsten Elemente der Menschheit, aber grenzen wir uns auch voneinander ab? In körperlicher Hinsicht mag das noch zutreffen, aber genetisch sind wir alle miteinander verlinkt. Und auch in allem, was wir fühlen, denken und tun, werden wir von unserem Umfeld geprägt – von anderen! Für die Gläubigen unter uns werde ich noch konkreter: Warum sollte sich ein Gott einerseits für gemeinsam entstehende Arten entscheiden, aber andererseits für menschliche Individuen?

Unglücklicherweise für die Natur werden Darwins Gedanken oft als »Überleben des Stärkeren« fehlinterpretiert. Manche Diktatoren rechtfertigen damit sogar ihre Brutalität. Auch die derzeitige Politik gegen Einwanderung in Europa und den USA zeugt davon, dass wir Darwins Theorie noch lange nicht verinnerlicht haben. Jeder Einwanderungsstopp wirkt der Evolution entgegen, weil er die Vermischung von Erbgut behindert! Wie soll die Menschheit überleben, wenn sie gegen sich selbst kämpft? Mit dem Zeigen von Stärke hat die natürliche Auslese nichts zu tun. Es geht um etwas ganz anderes: *Um als Art zu bestehen, müssen wir lernen, in Harmonie mit Mutter Natur zu leben.* Nur wer sich anpasst, erhält die Chance, seine/ihre Gene zu vererben.

Bitte schließen Sie das Buch jetzt für ein paar Minuten und versuchen Sie in dieser Pause, Darwins Evolutionstheorie in einem möglichst kurzen Satz zusammenzufassen, der auch das Wort »Prozess« enthält!

*Alles Leben ist ein gigantischer Prozess.* Oder genauer: Gemäß unserer Einteilung ist die von Charles Darwin beschriebene Evolution ein rekursiver, nicht-vorhersagbarer Prozess. Der Zyklus des Lebens wird von verschiedenen Lebewesen stets aufs Neue durchlaufen. Somit ist Darwins Evolutionstheorie das Paradebeispiel für eine Prozesstheorie.

Zu wissen, dass alles Leben ein gigantischer Prozess ist, kann sehr nützlich sein. Zum Beispiel lässt sich mit diesem Wissen eines der ältesten Rätsel der Philosophie lösen (Abbildung 15): Was kam zuerst – das Huhn oder das Ei? Als ich Darwins Theorie noch nicht kannte, dachte ich wie fast alle Menschen, dass dieses Rätsel keine vernünftige Lösung haben kann. Falls das Huhn zuerst da war, woraus soll das allererste Huhn geschlüpft sein? Falls das Ei zuerst da war, wer soll das allererste Ei gelegt haben?

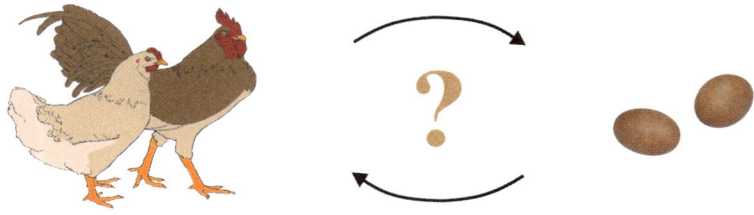

*Abb. 15: Was kam zuerst – das Huhn oder das Ei?*

Tatsächlich gibt es aber eine Lösung, und sie ist sogar verblüffend einfach, wenn Sie mal den Dreh heraus haben. Sie lautet: Es gibt weder »das Huhn« noch »das Ei«. Die Hühner und Eier von heute unterscheiden sich genetisch von denen, die vor hundert oder vor tausend oder vor Millionen Jahren gelebt haben. Hühner und Eier entwickeln sich kontinuierlich weiter. Im prozessorientierten Weltbild stellt sich nicht die Frage, ob Huhn oder Ei zuerst da war, sondern allenfalls die Frage, wie die Evolution des Lebens einst begonnen hat. Diese Frage werde ich im Unterkapitel *Leben entsteht spontan* beantworten. In allen Hühnern und Eiern zusammen manifestiert sich ein Prozess, den ich »huhnend«[73] nenne: Er steht für **die Evolutionsphase *Huhn*** und umfasst auch Eier-Legen und Aus-dem-Ei-Schlüpfen.

> Unsere Substantivsprache unterscheidet zwischen »Huhn« und »Ei«. Sie gaukelt uns vor, dass Huhn und Ei *zwei Objekte* wären, obwohl sie *ein sich entfaltender Prozess* sind. Charles Darwin hatte nichtsahnend das Fundament geschaffen, auf dem wir heute das Huhn-oder-Ei-Rätsel korrekt lösen können. Doch die eigentliche Pointe ist: Wir wissen seit Darwin, dass selbst der Mensch vom Tier abstammt. Darum sind wir gut beraten, auch uns Menschen als Verbformen zu begreifen: »Menschend« steht für **die Evolutionsphase *Mensch***. Die Menschheit ist ebenfalls ein Prozess! Mit Substantiven wie »Ausländer« und »Andersartige« diskreditieren wir uns gegenseitig und verkennen die Wirklichkeit. *Populismus und Rassismus sind Auswüchse unserer Substantivsprache.*

Wir haben nun schon fünf neue Verbformen kreiert, und Sie werden sich vielleicht fragen, wohin dieser Weg führen soll. Es wird schwer sein, sämtliche Substantive durch Verben zu ersetzen. Zum Glück ist das auch gar nicht nötig. Wir dürfen weiterhin von »Huhn« und »Ei« sprechen, sollten uns aber stets bewusst machen, dass sie für einen Prozess stehen.

## DA IST ETWAS FAUL AM WELTBILD

Auch in der modernen Physik gibt es ein Paradebeispiel für eine Prozesstheorie: die *Quantentheorie*. An ihrer mathematischen Formulierung war maßgeblich ein deutscher Physiker beteiligt: Werner Heisenberg. Eigentlich wollte Heisenberg Mathematik studieren, aber als er ein Buch über Einsteins Relativitätstheorie erwähnte, wurde ihm bescheinigt, dass er für das Studium der Mathematik schon verdorben sei.[74] Also studierte er Physik und schloss das Studium schon nach drei Jahren erfolgreich ab. Im Alter von 25 Jahren wurde Heisenberg Professor an der Universität Göttingen. Für seine Beiträge zur Quantentheorie erhielt er 1932 den Nobelpreis für Physik.[75] Wussten Sie, dass technische Errungenschaften wie Fernsehen, Computer, Kern- oder Solarkraftwerke ohne die Quantentheorie undenkbar wären?

In der Quantentheorie ist Heisenbergs Name untrennbar mit der *Heisenbergschen Unbestimmtheitsrelation* verknüpft.[76] Sie besagt, dass ein Teilchen nicht gleichzeitig einen exakten Ort und eine exakte Geschwindigkeit (genauer: einen exakten Impuls[77]) hat. Die Unbestimmtheit beruht nicht auf der Ungenauigkeit unserer Messinstrumente, sondern sie ist fest in der Natur verankert: »Die Kenntnis des Ortes eines Teilchens ist komplementär zu der Kenntnis seiner Geschwindigkeit ... Wenn wir die eine Größe mit großer Genauigkeit kennen, können wir die andere nicht mit hoher Genauigkeit bestimmen, ohne die erste Kenntnis wieder zu verlieren.«[78] Heisenberg stellte nicht nur das Weltbild der Physik auf den Kopf – er widerlegte damit auch die Vorherbestimmung der Welt, in der wir leben. Nicht einmal Gott kann den exakten

Ort und die exakte Geschwindigkeit aller Teilchen im Kosmos kennen, was für eine vorherbestimmte Welt nötig wäre, weil es diese exakten Werte gar nicht gibt.

Heisenberg selbst lehrte gerne ein Gedankenexperiment, um die Unbestimmtheit der Natur zu veranschaulichen. Ziel ist es, den Ort eines Teilchens exakt zu messen. Hierzu legt Heisenberg es unter ein Mikroskop. Um es sehen zu können, schaltet er eine Lampe ein. Doch nun überträgt das Lampenlicht einen Teil seiner Energie auf das Teilchen und versetzt es ungewollt in Bewegung. Allein der Versuch, den Ort des Teilchens exakt zu messen, zwingt ihm eine Geschwindigkeit auf, was eine exakte Ortsmessung verhindert.

Die Heisenbergsche Unbestimmtheitsrelation gilt nur für den Mikrokosmos, das heißt für die Welt der Quanten. Die makroskopische Welt, in der wir leben, beinhaltet aber lauter Quanten, die alle unbestimmt sind. Somit ist auch unsere makroskopische Welt nicht bis ins letzte Detail bestimmt, geschweige denn vorherbestimmt.

Aus Heisenbergs Gedankenexperiment lässt sich herauslesen, dass das Messen und Beobachten keine Einbahnstraße ist. Wir beobachten nicht nur, sondern wirken auch auf das ein, was wir beobachten. In unserem Beispiel existieren Heisenberg und »sein« Teilchen nicht unabhängig voneinander. Sie sind – wie Huhn und Ei – ein sich entfaltender Prozess. Alles entfaltet sich in Wechselwirkung mit seinem Umfeld. Individualität ist eine Illusion.

*Alles wechselwirkt kontinuierlich mit seinem Umfeld, und genau deshalb sind Verben angemessener als Substantive, um die Wirklichkeit zu beschreiben.*

Verben sind unser Schlüssel für ein besseres Verständnis der Wirklichkeit! Dafür spricht auch ein ganz reales Experiment, das sich mit sogenannten *verschränkten Teilchen* durchführen lässt. In der Physik heißen Teilchen »verschränkt«, wenn sie einmal miteinander gewechselwirkt haben und sich danach nicht mehr wie individuelle Objekte verhalten. Der österreichische Physiker Erwin Schrödinger hatte ihre Existenz im Jahr 1935 vorhergesagt,[79] aber der experimentelle Nachweis gelang erst im Jahr 1982.[80]

Mit Lasern und Kristallen lassen sich verschränkte Lichtteilchen erzeugen (Abbildung 16). Sie haben die erstaunliche Fähigkeit, stets zu »wissen«, wie sich der Zwillingspartner in einer bestimmten Situation verhält. Werden die Teilchen zeitgleich vor die Wahl gestellt, nach links oder nach rechts abzubiegen, werden sie stets dieselbe Entscheidung treffen. Das Verblüffende ist: Dabei spielt es überhaupt keine Rolle, wie weit sich die Teilchen inzwischen voneinander entfernt haben. Ein Teilchen könnte auf der Erde verbleiben und sein Zwillingspartner eine ferne Galaxie durchqueren – trotzdem würden sie ihre Entscheidung gemeinsam treffen!

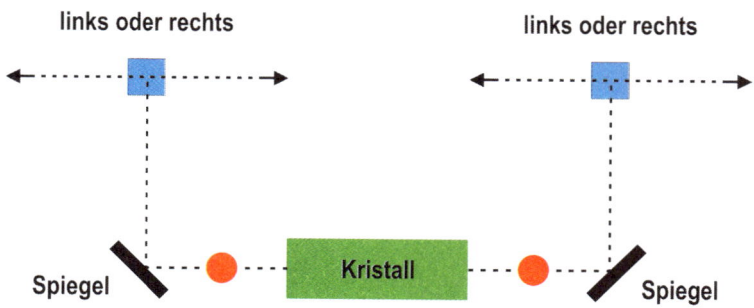

*Abb. 16: Verschränkte Lichtteilchen (rot)*

Um die volle Tragweite einer solchen Verschränkung erfassen zu können, nehmen wir einfachheitshalber an, es wären Autos und keine Lichtteilchen. Ein Auto sei gerade in Berlin unterwegs, das andere in München. »Verschränkung« heißt: Wenn das Auto in Berlin nach links abbiegt, dann wird das Auto in München zeitgleich auch nach links abbiegen. Und »zeitgleich« heißt: Zwischen den zwei Autos wird keinerlei Information ausgetauscht. Eigentlich erwarten wir, dass sich die Fahrer beider Autos absprechen müssen, wenn sie dieselbe Entscheidung treffen sollen. Eine Information von Berlin nach München kann aber nicht schneller als mit Lichtgeschwindigkeit übertragen werden, und das dauert ungefähr 0,0017 Sekunden.[81] Verschränkte Teilchen müssen sich nicht absprechen. Sie »wissen« alles voneinander, ohne mit ihrem Zwillingspartner zu kommunizieren. Albert Einstein sprach von »spukhaften Fernwirkungen«. In einem Brief an seinen Freund Max Born schrieb er: »Ich kann nicht ernsthaft daran glauben, weil die Theorie mit dem Grundsatz unvereinbar ist, dass die Physik eine Wirklichkeit in Zeit und Raum darstellen soll, ohne spukhafte Fernwirkungen.«[82]

Doch es ist kein Spuk. Für dieses denkwürdige Phänomen gibt es nur eine wirklich schlüssige Erklärung: Es sind keine Teilchen, sondern ein gemeinsamer, sich entfaltender Prozess! Vor ein paar Jahren hatte ich noch wie viele meiner Kolleg*innen geglaubt, dass miteinander verschränkte Teilchen ein besonderes zusammenhängendes Objekt sind, das die bemerkenswerte Eigenschaft hat, zeitgleich an verschiedenen Orten sein zu können. Damals hielt auch ich noch an einer Objektwelt fest und war nicht bereit, diese gegen eine Prozesswelt einzutauschen. Heute sehe ich das grundlegend anders. Ich halte den Begriff »verschränkt« für wenig sinnvoll, weil er nicht wirklich zu einer neuen Erkenntnis führt. Er ist lediglich ein Name für etwas, was nicht in unser Weltbild passt. Die Wissenschaft verstrickt sich in immer mehr Widersprüchen, wenn sie versucht, die Verschränkung mit weiteren Begriffen wie *Nicht-Lokalität* (verschränkte Teilchen seien fähig, den Raum zu transzendieren) zu deuten.[83] Seien wir doch ehrlich zu uns selbst: Das eben diskutierte Experiment offenbart wie keines zuvor, dass am objektorientierten Weltbild etwas faul ist! Wer materialistisch denkt, verkennt die Wirklichkeit. Meines Erachtens ist Verschränkung ein Phänomen, das uns zu einem *Paradigmenwechsel* zwingt: von der Objektwelt hin zu einer Prozesswelt. Sobald wir diesen Wechsel innerlich vollzogen haben, erübrigt sich der Begriff »verschränkt« ganz von selbst.

Alfred North Whitehead wird uns gleich empfehlen, die Welt auf Prozesse zu gründen. In unserem Beispiel würden wir dann nicht mehr von einem besonderen, nicht-lokalen »Objekt« sprechen, das zeitgleich in Berlin und in München unterwegs ist, sondern vom Prozess des »Linksabbiegens« (eine Verbform!). Es spricht nichts dagegen, dass dieser Prozess zeitgleich in Berlin und in München stattfindet. In zwei Orten kann es auch zeitgleich regnen oder schneien. Überall im Kosmos kann zeitgleich dasselbe geschehen, ohne dass wir zum Verständnis eine »Verschränkung« bemühen müssten. Doch dieses Weltbild hat einen hohen Preis. Sobald wir uns den Kosmos aus Prozessen aufgebaut denken, wird eine Zutat fehlen, auf die sehr viele Menschen partout nicht verzichten wollen: Individualität. *In einer Prozesswelt zählt nicht, wer etwas tut, sondern was geschieht.*

# POPOPULLOVER!

Alfred North Whitehead – was für ein Name! Es scheint, als hätten schon seine Eltern geahnt, dass ihr Sohn der Menschheit zukünftig den Weg weisen wird: nach Norden (auf Englisch: *north*), in einem übertragenen Sinn »vorwärts«. Noch ist Whiteheads Weltsicht weitgehend unbekannt, und doch ist wohl niemand der Wahrheit bisher näher gekommen als er. Mit 18 Jahren entschied sich Whitehead für ein Studium der Mathematik. In seinem Hauptwerk *Process and Reality*[84] (auf Deutsch: Prozess und Realität) fasste er seine Erkenntnisse aus jahrelanger Meditation zusammen.

Whitehead ist der wichtigste Pionier der Metaphysik des 20. Jahrhunderts. Doch nur wenige Menschen kennen seinen Namen oder seine These, dass die westliche Philosophie aus einer Reihe von Fußnoten zu Platon bestehe.[85] Damit wollte er aber bloß ausdrücken, dass sich heute niemand mehr dem Gedankenreichtum Platons entziehen könne. Whitehead hat eine spekulative, aber sehr kraftvolle Theorie entwickelt, die Weltsicht und Lebensphilosophie zugleich ist. Sein Grundgedanke: Dem Kosmos wohnt eine schöpferische Kraft inne, und Leben ist eine Ausdrucksform dieser Kraft.

Whiteheads Theorie heißt offiziell »Prozessphilosophie«, aber dieser Name verschleiert ihren Charme: Lebendigkeit. Whitehead spricht von *philosophy of organism*[86] (auf Deutsch: Philosophie eines Organismus). Erfahrungen, also Qualitäten eines Organismus, seien das Fundament des Kosmos. Er nennt sie *drops of experience*[87] (auf Deutsch: Erfahrungstropfen). »Objekte« wie Menschen, Tiere, Pflanzen oder Atome existierten nicht an sich. Erst Verben würden das erschaffen, was wir »Objekte« nennen. Alles sei relational, das heißt, es existiere nur in gefühlter Beziehung zu seinem Umfeld. Heisenberg lässt grüßen! Folgendes Beispiel fällt mir hierzu ein: Im Atom lässt sich ein Feld fühlen. Dieses Fühlen verursacht das, was wir »Elektron« nennen. Das Elektron ist wie jedes andere »Objekt« ein Prozess. Im Gegensatz dazu gehen wir im objektorientierten Weltbild davon aus, dass Elektron und Atomkern primär seien und das Feld verursachen.

Nach Whitehead gibt es keine tote Materie – nichts, was nicht auch auf irgendeine Art und Weise reagiere. Alles sei von einer *kreativen Energie*[88] durchdrungen. Hier wendet sich Whitehead ganz konkret gegen die Denke seines französischen Kollegen René Descartes, der eine dualistische Weltsicht vertrat – Bewusstsein hier und tote Materie dort. Nach Whitehead spaltet die Welt nicht in Teile auf. Der Kosmos sei lebendig und verkörpere sich in allem, was lebt.

Philosophie versucht, das Leben in der Welt zu ergründen, zu deuten und zu verstehen. Whitehead hat als Philosoph vor allem ein Ziel: Er will verstehen, was Erfahrungen sind, denn wir machen ein ganzes Leben lang Erfahrungen. Whitehead betont, wie wichtig es sei, dass wir zu unseren Erfahrungen stehen und aus ihnen lernen; denn allein durch Erfahrung könne jemand glücklich und zufrieden werden. Die Wirklichkeit lebe davon, dass im Kosmos immer wieder Neues und Überraschendes erfahren wird.

Eine solche überraschende Erfahrung möchte Whitehead mit uns teilen. Wir seien es gewohnt, Objekte für primär zu halten und alle Verben unterzuordnen. Ich erinnere an mein drittes Beispiel im Vorwort: *Ich* lese. Stillschweigend setzen wir voraus, dass das Ich einfach so existiert und ein Lesen verursacht. Whitehead widerspricht vehement. Nach seiner Auffassung eignet sich unsere Substantivsprache nicht zur Beschreibung der Wirklichkeit. Alles beginne mit Erfahren. Doch nicht ich mache Erfahrungen, sondern der Prozess des Erfahrens mache aus Materie ein »Ich«.[89] Für unser Beispiel heißt das: Ein Lesen verursacht mich! Für Whitehead ist der ganze Kosmos ein sich entfaltender Prozess, was auch seiner Auffassung von Lebewesen entspricht. Daher nennt er seine Theorie *philosophy of organism* und verwendet ganz bewusst den Singular. Whitehead ist ein radikaler Empirist, von dem wir viel lernen können – insbesondere eine tief ökologische Sicht auf die Natur, die uns einmalig einen sehr kostbaren, aber äußerst fragilen Lebensraum schenkt.

Nach Whitehead besteht die Wirklichkeit gar nicht aus materiellen Objekten, sondern aus Prozessen des Werdens. Deshalb heißt sein Hauptwerk *Process and Reality*. Das Werden geschehe in bestimmten Mustern: *order and novelty*[90] (auf Deutsch: Ordnung und Neues). Die Ordnung sei von einer mathematischen Natur und offenbare sich in Naturgesetzen. Revolutionär ist der Begriff *novelty,* der Whiteheads Theorie lebendig macht. Viele Philosophen betrachten leblose Fakten als das ultimative Fundament der Welt. Nicht so Whitehead: Für ihn sind Prozesse ultimativ. Der Kosmos bestehe nicht *aus* Objekten, sondern *mittels* Objekten, die sich immer wieder neu anordnen und dadurch so manche überraschende Wendung einleiten. Solche *accidents*[91] (auf Deutsch: Zufälle) könnten durchaus erfreulich sein.

Die Uraktivität, aus der alles entstehe, nennt Whitehead *creativity*[92] (auf Deutsch: Kreativität). Nicht nur der Mensch könne kreativ sein – die Natur selbst sei Zeugnis einer unerschöpflichen Kreativität. Für diese Hypothese gibt es heute viele Belege: Schneekristalle, Insektenaugen und Bienenwaben verfügen über eine sechszählige Symmetrie und nutzen mit ihr den verfügbaren Raum optimal aus (Abbildung 17). Farne, Schneckenhäuser und Spiralgalaxien entwickeln sich in eine Spiralform, die ihnen eine besonders hohe Stabilität verleiht (Abbildung 18). Einerseits verraten uns Symmetrien und Formen, dass Naturgesetze im Kosmos für *order* sorgen. Andererseits zeugen sie von genau jener Kreativität, mit der die Natur *novelty* hervorbringt: Es sind Bienen, die erstmals symmetrische Waben bauen; es sind Schnecken, die erstmals stabile Häuser mit sich tragen.

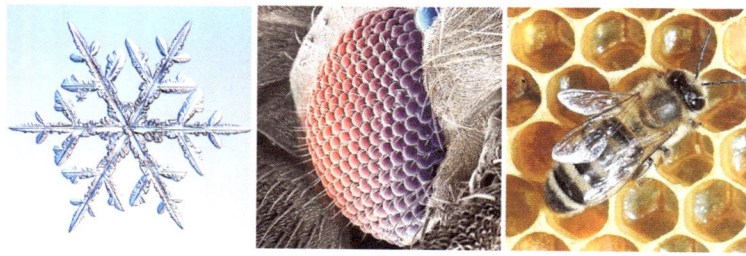

*Abb. 17: Schneekristall, Insektenauge, Bienenwabe*

*Abb. 18: Farn, Schneckenhaus, Spiralgalaxie*

Ich habe auch ein menschliches Beispiel für Kreativität: Als unser jüngster Sohn sprechen lernte, überraschte er uns fast täglich mit Wortschöpfungen. Eines Morgens zeigte er mit leuchtenden Augen auf seine Hose und schrie voller Stolz: »Popopullover!« Heute dürfen wir alle darüber schmunzeln, aber damals, als unser Sohn die Sprache für sich entdeckte, wirkte sein Wort wie die Grüße von einem anderen Stern – als wäre Kreativität die natürlichste Sache der Welt.

Whitehead definiert insgesamt acht *Kategorien von Existenz*,[93] die engmaschig vernetzt sind; wie ein buddhistisches Mandala greifen sie ineinander (Abbildung 19).

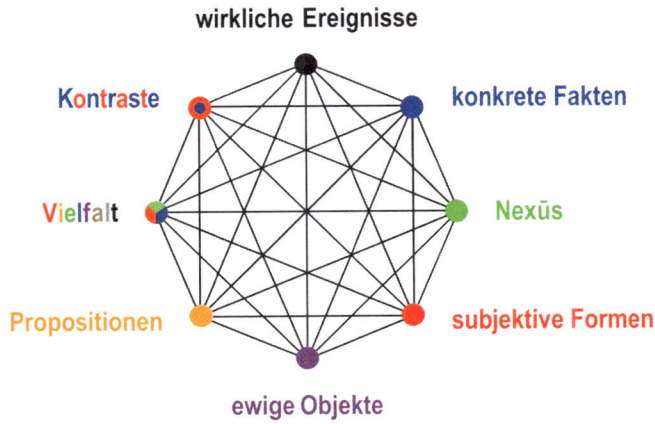

*Abb. 19: Die acht Kategorien von Existenz nach Whitehead*

**Wirkliche Ereignisse** sind die bereits erwähnten Erfahrungstropfen. Sobald eine neue Erfahrung gemacht ist, wird sie Bestandteil der Vergangenheit, geht dadurch aber nicht verloren. Sie geht wie alles, was im Kosmos geschieht, über ins

Licht.[94] Ich selbst bin eine Erfahrung nach der anderen, das heißt, ich bin eine Abfolge von wirklichen Ereignissen. Also bin ich ein Prozess. Mit jeder neuen Erfahrung, die ich bin, wird der Welt ein Erfahrungstropfen hinzugefügt. Dadurch erhöht sich ihre Gesamtzahl im Kosmos jedes Mal um eins. Und weil alle Erfahrungen miteinander vernetzt sind, trage ich alle »Menschen«, die mich gezeugt, gelehrt und geprägt haben, zeitlebens in mir. Erinnern Sie sich noch an unsere drei Beispiele aus dem Vorwort? Über das Licht trägt auch jede Pflanze zeitlebens etwas in sich – die Sonne!

*Konkrete Fakten* sind nach Whitehead all das, was wir erfahren und was uns bewegt. Sie zeichnen sich durch eine bestimmte Richtung aus, das heißt, sie übertragen Energie und/oder Information. Viele konkrete Fakten verbinden uns mit der Vergangenheit und gehören somit zur Wirklichkeit. Andere Fakten sind real, jedoch nicht wirklich – wie Ziele, Wünsche, Absichten oder abstrakte Vorstellungen.[95]

*Nexūs* sind verknüpfte Ereignisse. Beispiele sind Zellen, die einen Organismus formen, oder Bäume, die einen Wald bilden. Nexūs mit einer sozialen Ordnung nennt Whitehead *societies*[96] (auf Deutsch: Gemeinschaft). Eine Gemeinschaft zeichnet sich durch eine höhere Stabilität aus, und sie kann wiederum aus Gemeinschaften bestehen. Beispielsweise ist die Erde eine Gemeinschaft bestehend aus Gemeinschaften bestehend aus Gemeinschaften ... Die gesamte Wirklichkeit ist nach Whitehead durch und durch sozial angelegt.

*Subjektive Formen* sind Gefühle, Bewertungen, Zuneigung, Abneigung oder auch Bewusstsein. Sie sind subjektiv, weil sie uns prägen. Subjektive Formen tragen ganz wesentlich dazu bei, wer ich bin. In jedem Augenblick bin ich das, was ich fühle und wie ich etwas bewerte. Mit jeder Erfahrung verändere ich mich. Das wusste bereits der griechische Philosoph Heraklit: »Man kann nicht zweimal in denselben Fluss steigen.«[97] Zu diesem Satz gibt es zwei Interpretationen: Ich kann nicht zweimal in denselben Fluss steigen, weil sich das Wasser im Fluss verändert und weil ich nach dem ersten Bad nicht mehr derselbe bin wie vorher.

Abbildung 20 fasst zusammen, was wir soeben gelernt haben: In jedem Augenblick bin ich ein Erfahrungstropfen am Übergang einer abgeschlossenen Vergangenheit zu einer offenen Zukunft. Die Vergangenheit besteht aus konkreten Fakten und anderen Ereignissen, die sich teilweise zu Nexūs gruppieren. Was ich im grau markierten Augenblick gefühlt und bewertet habe, sind subjektive Formen. Nur kurze Zeit später, im schwarz markierten Augenblick, bin ich ein leicht veränderter, neuer Erfahrungstropfen – und der Kosmos ist um eine Erfahrung reicher.

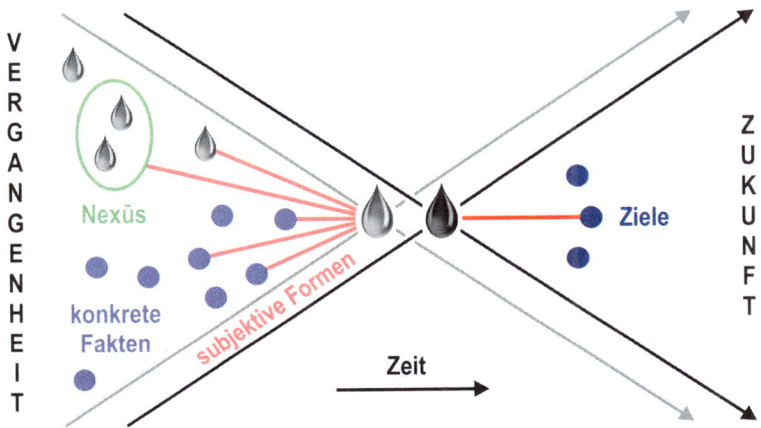

*Abb. 20: Konkrete Fakten, Nexūs und subjektive Formen*

*Ewige Objekte* – auch Whitehead spricht oft von Objekten, meint damit jedoch keine materiellen Gegenstände, sondern zeitunabhängige Existenzen. Der Begriff »ewig« steht hier für etwas, was jederzeit verwirklicht werden kann. Farben sind ein sehr gutes Beispiel: Der Farbton Violett kann jederzeit im Kosmos als eine Erfahrung abgerufen werden, sofern die Voraussetzungen für seine Verwirklichung erfüllt sind. Der Himmel kann unterschiedliche Farbtöne wie Blau, Rot oder Violett annehmen. Welchen Farbton wir wahrnehmen, hängt unter anderem von der Tageszeit ab. Wenn der Himmel am Mittag blau erscheint, ist der Farbton Violett jedoch nicht aus dem Kosmos gelöscht; er kann jederzeit wieder als eine Erfahrung abgerufen werden, etwa nach Sonnenuntergang. Whitehead betont hierbei den Unterschied zwischen *Möglichkeit* und *Wirklichkeit*.

Andere Beispiele für ewige Objekte sind geometrische Figuren und Zahlen (Abbildung 21). Sie unterscheiden sich von wirklichen Ereignissen dadurch, dass sie weder Gefühle haben noch Entscheidungen treffen, also nicht kreativ sind. Ewige Objekte und wirkliche Ereignisse sind aber die einzigen Kategorien mit finalem Charakter. Deshalb habe ich sie in Abbildung 19 ganz unten und ganz oben platziert.

*Abb. 21: Beispiele für ewige Objekte*

*Popopullover!*

*Propositionen* sind nach Whitehead unsere Quellen für das Neue; er nennt sie *lures*[98] (auf Deutsch: Reize). Beispiele für Propositionen sind die Eingebungen, von denen sich Musiker*innen beim Improvisieren leiten lassen, oder die Reize, die uns über einen guten Witz lachen lassen. Propositionen motivieren uns, eine Entscheidung zu treffen; und sie laden uns ein, Neues zu wagen. Sie sind es, die stets frischen Wind in die Welt bringen.

*Vielfalt* verleiht dieser Welt ihren Charme. Wie eintönig wäre das Leben ohne sie! Mit der Vielfalt fließt schließlich auch Gott in Whiteheads Weltsicht ein: Ein Gott habe all die Möglichkeiten geschaffen und wisse somit, was in Zukunft möglich sei. Was davon wirklich wird, entscheidet aber erst das Leben, indem einige Möglichkeiten ausgewählt werden, andere nicht. Gott existiere nicht *vor* der Schöpfung, sondern *mit* der Schöpfung.[99] Um uns sämtliche Optionen offen zu halten, seien wir gut beraten, die Vielfalt auf unserem Planeten zu fördern: ökologisch, kulturell und religiös. Übrigens: Möglich wird Vielfalt erst durch Raum und Zeit. Räumliche Distanzen ermöglichen es, *anders zu sein;* zeitliche Distanzen ermöglichen es, *anders zu werden.*

*Kontraste* sind nur möglich, wenn es auch Vielfalt gibt. Sie existieren als Farben, Formen, Klänge, Gefühle und Beziehungen. Kontraste führen nicht zwingend zu Konflikten, aber sie betonen die Unterschiede und zeigen uns, wonach es sich im Leben zu streben lohnt: nach Schönheit und Harmonie. Oft genügt bereits ein achtsamer Blick in die Natur (Abbildung 22 links) oder das Hören einer wohlklingenden Kadenz (Abbildung 22 rechts) – und wir können uns diesem Bann nie mehr entziehen.

*Es zählt, was geschieht*

Abb. 22: Kontraste ermöglichen Schönheit und Harmonie

Quellen für Harmonie sind Kunst, Musik, Ethik, Religion, Mathematik und Naturwissenschaft. Profitieren können wir von allen gleichermaßen, doch viele Menschen beschränken sich selbst und halten entweder die eigene Religion oder die Naturwissenschaften für privilegiert. Nach Whitehead lässt sich Harmonie aber nicht nur in Worte und Formeln fassen, sondern auch tanzen und malen. Dass Whitehead uns damit eine umfassende und zugleich schlüssige Weltsicht schenkt, macht ihn umso sympathischer; denn es ist eine Anleitung, die Wirklichkeit zu verstehen.

Mich fasziniert vor allem die ethische Dimension von Whiteheads Weltsicht. In einer Zeit, in der wir die ökologische Vielfalt auf der Erde wesentlich schneller zerstören, als sie entstand, in der wir mit Terror und Gewalt bedeutende Kulturdenkmäler dem Boden gleichmachen, in der wir »heilige Kriege« führen – in einer solchen Zeit ist NICHTS wichtiger und wertvoller, als eine Gemeinschaft zu fördern, die kreativ, mitfühlend, respektvoll und auch ökologisch weise ist, ohne auch *nur ein* unter uns lebendes Wesen von ebendieser

Gemeinschaft auszuschließen. Das sind wir nicht nur einem Gott schuldig, sondern vor allem uns selbst. Auf der Suche nach Sinn im Leben bin ich nirgendwo auf einen größeren Schatz gestoßen als bei Alfred North Whitehead. Insbesondere sein Gottesbegriff ist von einer so erhabenen Schönheit, dass es schwerfällt, sich einem anderen Gott anzuvertrauen, nachdem Sie die folgenden Zeilen gelesen haben:

> »Es ist ebenso wahr zu sagen,
> dass Gott eins und die Welt viele sind,
> wie dass die Welt eins und Gott viele sind;
>
> ... dass Gott im Vergleich mit der Welt erhaben ist,
> wie dass die Welt im Vergleich mit Gott erhaben ist;
>
> ... dass die Welt in Gott ist,
> wie dass Gott in der Welt ist;
>
> ... dass Gott die Welt transzendiert,
> wie dass die Welt Gott transzendiert;
>
> ... (und) dass Gott die Welt erschafft,
> wie dass die Welt Gott erschafft.«[100]

Diesen Worten von Whitehead ist nichts hinzuzufügen. Es ist das Gedicht eines großen Philosophen über seine Liebe zu Gott. Vielleicht müssen Sie es zehnmal lesen, wie ich es getan habe, um die wahre Größe des Schatzes zu erfassen: Whitehead lehrt uns, einen Gott lieben zu lernen, der wirklich Gott ist *für alles, was lebt*. Ich verneige mich vor meinem Meister mit einer Buchwidmung, die ihm gefallen hätte.

# EINE ZEITGEMÄSSE OFFENBARUNG

## LEBEN ENTSTEHT SPONTAN

> WENN WIR MEHR VON PROZESSEN SPRECHEN,
> WERDEN WIR AUCH MEHR IN PROZESSEN DENKEN,
> BEGINNEN ZU VERSTEHEN UND LETZTLICH GESUNDEN.

Abbildung 23 zeigt auf einer Zeitskala, wie sich das Leben auf unserem Planeten nach derzeitigem Kenntnisstand entwickelt hat. Während einer *physikalischen* und *chemischen Evolution* vergingen auf der Erde etwa eine Milliarde Jahre, bis aus Kohlenwasserstoffen, Ammoniak und Wasser plötzlich die ersten Einzeller entstanden. Ungefähr 2,6 Milliarden Jahre später schlossen sie sich zu Vielzellern zusammen und konnten nun über Aufgabenteilung deutlich mehr erreichen. Danach kam es immer wieder zu Zufallssprüngen: Transfer des Lebens vom Wasser aufs Land, Fotosynthese, Knochenbildung, Entstehung der Säugetiere, aufrechter Gang. Jeder Sprung verschaffte den beteiligten Arten einen Vorteil beim Überleben. Charles Darwin hat diese *biologische Evolution* (Evolution der Arten) erstmals schlüssig beschrieben.

Seit etwa 500 Millionen Jahren gibt es parallel zur biologischen Evolution eine *spirituelle Evolution* (Evolution des Bewusstseins). Bewusstsein ist die Fähigkeit, eine zunächst materiell erfolgte Wahrnehmung geistig zu verarbeiten und zu erkennen. Fische waren vermutlich die ersten Lebewesen mit einem Bewusstsein. Auf der höchsten Stufe der spirituellen Evolution steht heute der Mensch.

*Leben entsteht spontan*

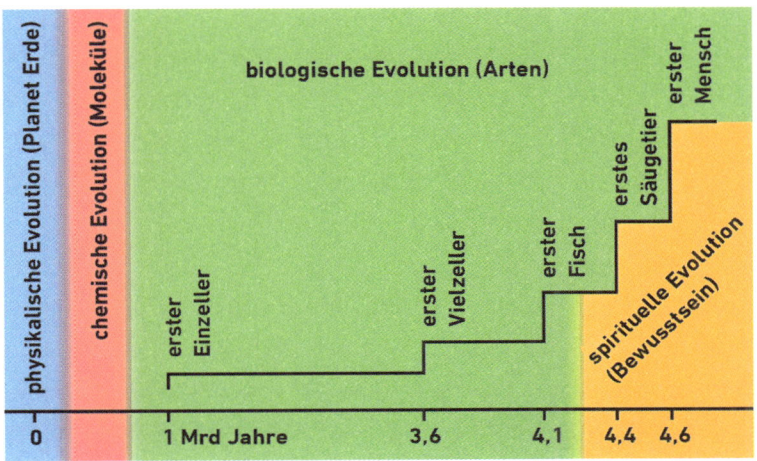

*Abb. 23: Verlauf der Evolution auf der Erde*

Die Evolution des Lebens vollzieht sich also auf vier unterschiedlichen Ebenen, und auf jeder Ebene findet etwas statt, womit wir uns im letzten Kapitel ausführlich befasst haben: ein Prozess. Doch die spannende Frage nach dem Ursprung des Lebens ist damit noch nicht beantwortet: Wie entstand der allererste Einzeller? Beziehungsweise mit dem Vokabular, das wir uns inzwischen angeeignet haben: Wie entstand das erste Element im rekursiven Prozess der Evolution?

Mathematisch setzt sich das Konzept der Evolution aus zwei Annahmen zusammen: 1) Es existiert irgendwann eine allererste lebendige Art (ein Element $z_1$). 2) Aus einer Art A (einem Element $z_n$) kann eine neue Art B (ein Element $z_{n+1}$) entspringen. Charles Darwin reflektiert in seinem Werk *On the Origin of Species* ausschließlich über die zweite Annahme. Auch andere Evolutionsbiolog*innen wie der Brite Richard

Dawkins werden nicht präzise, wenn wir die erste Annahme kritisch hinterfragen: Woher kam das allererste Element $z_1$? Wir wollen zuerst diese Frage schlüssig beantworten und anschließend darüber nachdenken, wie aus dem allerersten Element $z_1$ nach etwa 3,6 Milliarden Jahren der erste Mensch entspringen konnte.

Der Schlüssel zum Ursprung des Lebens liegt in der Einsicht, dass Materie entweder nicht lebendig oder lebendig ist – es gibt nichts dazwischen, kein »halb lebendig«. Zu einem Zeitpunkt sind irgendwelche Moleküle noch nicht lebendig, und unmittelbar danach sind sie es. Hieraus folgt, dass der Übergang von nicht lebendiger Materie zu lebendiger Materie plötzlich – spontan – sein muss. »Spontan« ist alles, **was aus sich heraus geschieht**, das heißt, was nicht durch etwas anderes verursacht ist. Dasselbe gilt für ein Zufallsereignis. »Zufällig« ist ein Synonym für »spontan«.

Spontaneität ist von einer ganz speziellen Qualität: Was auch immer spontan geschieht, ist *in sich* ein kreativer Akt, eben weil es durch nichts verursacht ist. Etwas völlig Neues wird erschaffen, was sich nicht allein auf äußere Einflüsse zurückführen lässt. Damit haben wir die Antwort auf unsere Frage, woher das allererste Element $z_1$ kam: Es war plötzlich einfach da. *Leben entsteht spontan, also zufällig.* Plötzlich und spontan und zufällig – diese drei Adjektive unserer Sprache beschreiben den Ursprung von Leben am besten.

Nun werden wir über die zweite Annahme reflektieren, dass aus einer Art A eine neue Art B entspringen kann. Es gibt einen essenziellen Punkt in Darwins Evolutionstheorie, den wir bisher noch nicht thematisiert haben. Das Leben auf unserem Planeten zeichnet sich (noch) durch eine sehr große

Artenvielfalt aus. Wie konnte sie während einer Zeitspanne entstehen, die – wie wir gleich sehen werden – relativ kurz war? Darwins Skeptiker, vor allem die *Kreationisten*, behaupten zu Recht, dass die Artenvielfalt nicht allein durch Zufall entstanden sein kann. Dies will ich mit einem Zahlenbeispiel erläutern. Das menschliche Genom setzt sich aus ungefähr drei Milliarden *Basenpaaren* zusammen.[101] Im Doppelstrang der DNA liegen sich jeweils zwei Nukleinbasen gegenüber, die wir seit dem ersten Kapitel kennen: Adenin (A), Thymin (T), Cytosin (C) und Guanin (G). Pro Basenpaar existieren vier mögliche Anordnungen: AT, TA, CG und GC. Also gibt es $4^{3.000.000.000}$ unterschiedliche Möglichkeiten, wie ein Genom mit drei Milliarden Basenpaaren aussehen kann. Das heißt: Wenn die Natur jede Sekunde *zufällig* ein neues Genom hervorbrächte, wäre sie erwartungsgemäß $4^{3.000.000.000}$ Sekunden (das sind ungefähr $10^{1.800.000.000}$ Jahre) nur damit beschäftigt, mein Genom zu erschaffen. Zum Vergleich: Es sind seit dem Urknall erst etwa $10^9$ Jahre vergangen!

Nun hatte schon Darwin eine ganz wichtige Erkenntnis gehabt: Die Natur musste mein Genom gar nicht auf einen Schlag erschaffen, sondern sie konnte es allmählich kreieren – über Änderungen in kleinsten Schritten. Richard Dawkins hat dem Prozess auch einen wissenschaftlichen Namen gegeben: Er spricht von *kumulativer Auslese*.[102] Wenn sich eine bestimmte Genmutation bewährt, also einen Vorteil für die beteiligte Art mit sich bringt, dann muss die Natur sie nicht immer wieder neu »erfinden«. Die bewährte Mutation wird einfach an alle nachfolgenden Generationen weitervererbt. Das heißt für unser Beispiel: Weil es nur vier Möglichkeiten pro Basenpaar gibt, hat die Natur schon nach vier Sekunden das erste Basenpaar meines Genoms »gefunden« (das dann vererbt wird), nach weiteren vier Sekunden das zweite, nach weiteren vier Sekunden das dritte, und so weiter. Mein ganzes Genom hat sie dann in nur 4 x 3.000.000.000 Sekunden (das sind lediglich 380 Jahre) erschaffen. Dass es tatsächlich doch länger gedauert hat, liegt unter anderem daran, dass sich in der Natur nicht eine Mutation pro Sekunde ereignet, sondern wenige Mutationen pro Generation.

Die Natur muss jedes Basenpaar also nur einmal *zufällig* »erfinden«; danach wird es *geordnet* (nach gewissen Regeln) vererbt. Auf diese Weise können neue Arten relativ schnell entstehen – oft genügen wenige Mutationen! Aber Dawkins geht einen Schritt zu weit, wenn er dann die Bedeutung des Zufalls herunterspielt. Er schreibt: »Dieser Glaube, dass die Darwinsche Evolution zufällig sei, ist nicht nur falsch. Er ist das Gegenteil dessen, was wahr ist. Zufall ist nur eine kleine Zutat in Darwins Rezept. Die wichtigste Zutat ist die kumulative Auslese, die überhaupt nicht zufällig ist.«[103] Dawkins beruft sich darauf, dass die Auslese ein geordneter Vorgang sei und somit den Zufall aus der Evolution verdränge. Doch das ist nicht korrekt, denn der entscheidende Faktor für die Entstehung einer neuen Art ist nicht die Auslese, sondern die Genmutation – und diese erfolgt stets spontan, also zufällig. In der Evolution spielt der Zufall eine zentrale Rolle, aber er wird ergänzt durch Ordnung (Regeln).

Nach allem, was wir bisher gelernt haben, entstand das Leben auf der Erde zufällig, und die bis heute andauernde Evolution der Arten beruht auf Zufall und Regeln. Es wäre jedoch voreilig, daraus abzuleiten, dass die Entstehung von Leben auf unserem Planeten ein einmaliges Ereignis im gesamten Kosmos war. Es spricht nichts dagegen, dass sich so ein zufälliges Ereignis auf der Erde oder auf einem anderen Planeten wiederholt. Um dieses Argument zu untermauern, verweise ich auf ein anderes Beispiel: die Radioaktivität. Bis zum heutigen Tag kennen wir Physiker*innen keine Ursache für den radioaktiven Zerfall eines Atoms. Darum halten wir ihn für ein spontanes, also ein zufälliges Ereignis. Und siehe da: Auch der radioaktive Zerfall ist kein einmaliges Ereignis im gesamten Kosmos, sondern er wiederholt sich unzählige Male – sogar auf unserem Planeten.

## ES WAR WIE EIN TUNNEL

*Natürlich* bedeutet Sterben, vom Leben loszulassen. Doch in den Gesprächen nach meinen Lesungen und Vorträgen wird mir immer wieder bewusst, dass viele Menschen entweder eine sehr naive Vorstellung vom Sterben haben oder dass sie überhaupt keine Vorstellung davon haben, weil sie dieses unbequeme Thema gerne verdrängen. Das ist sehr bedauerlich, denn ein frühes Auseinandersetzen mit dem Tod kann uns viele positive Impulse für das Leben geben. Lassen Sie uns also gemeinsam Abhilfe schaffen, und machen wir das Sterben zum Thema – hier und jetzt!

*Natürlich* dürfen Sie argumentieren: »Wie es nach dem Tod weitergeht, weiß niemand. Wozu soll ich jetzt kostbare Lebenszeit damit verschwenden?« Und schon ist das Thema abgehakt. Doch einen nicht ganz unwichtigen Punkt haben Sie dabei übersehen: Das Leben besteht nicht nur aus angenehmen Dingen wie Feiern und Spaß-Haben. Es gibt auch so etwas wie »verantwortungsvolles Handeln« und eine Phase, die wir »Sterben« nennen. Diese Phase ist nicht vernachlässigbar kurz, wie Sie vielleicht glauben mögen. Es gibt viele Menschen, die eine Sterbephase überlebt haben und sie als »lehrreichste Erfahrung« bezeichnen, die ihnen jemals zuteilwurde. Nicht selten haben sie anschließend ihr Wertesystem komplett auf den Kopf gestellt.

*Natürlich* dürfen Sie kontern: »Also jetzt driften wir aber in die Esoterik ab. Es ist doch bekannt, dass solche Nahtoderfahrungen wissenschaftlich als Halluzinationen gewertet werden. Damit lässt sich überhaupt nichts beweisen.« Bitte seien Sie versichert: Ich will und kann in diesem Buch nichts beweisen. Um Beweise geht es hier gar nicht! Eigentlich geht es um eine scheinbar recht harmlose Frage: Sollte ich leben, wie ich will – oder nicht?

*Natürlich* gibt es Menschen, die so leben können, wie sie wollen. Doch meine harmlose Frage beginnt gar nicht mit »kann ich«, sondern mit »sollte ich«. Das ist ein kleiner, aber feiner Unterschied. Lesen Sie einfach weiter, und Sie werden verstehen: Die Welt wäre viel friedvoller, wenn jeder einmal im Leben eine Nahtoderfahrung machen dürfte.

Eines steht außer Frage: Wer etwas über das Sterben in Erfahrung bringen will, muss den Menschen zuhören, die es schon einmal erlebt haben. Niemand sonst kann wissen, was Sterben bedeutet. Auch sollte sich niemand anmaßen, über solche Erlebnisse urteilen zu können, wenn er oder sie noch nie selbst im Sterben lag. Leider höre ich immer wieder von Betroffenen, dass sie sich mit ihrer Nahtoderfahrung einem Arzt anvertraut haben und für verrückt erklärt wurden, weil nicht sein kann, was nicht sein darf. Doch das ist ein völlig falscher Ansatz. Die Schulmedizin handelt grob fahrlässig, wenn sie die Betroffenen nicht ernst nimmt und ihre Erlebnisse zu Hirngespinsten abstuft. Der US-amerikanische Psychologe Abraham Maslow hat einen vernünftigen Vorschlag gemacht, was die Wissenschaft zu leisten hat: »Wenn es eine erste Grundregel für die Wissenschaft gibt, so besteht diese meiner Meinung nach darin, dass man der gesamten Wirklichkeit, allem was existiert, alles was geschieht, einen Platz einräumen sollte, um es zu beschreiben. Vor allem anderen muss die Wissenschaft alles einbeziehen und allumfassend sein. Sie muss selbst das in ihren Zuständigkeitsbereich aufnehmen, was sie nicht zu verstehen oder erklären vermag, das, wofür keine Theorie existiert, was man nicht messen, voraussagen, kontrollieren oder einordnen kann.«[104]

Nach dieser Grundregel werden wir jetzt vorgehen. Als Erstes werde ich definieren, was eine Nahtoderfahrung ist. Danach lasse ich vier Betroffene zu Wort kommen, die uns von ihrer Nahtoderfahrung berichten. Anschließend werde ich ein Schema vorstellen, nach dem sich Nahtoderfahrungen in fünf Phasen einteilen lassen. Und am Ende werde ich erläutern, wie sich der oft erlebte Tunnel mit hellem Licht an dessen Ende und die ebenfalls oft zitierte Lebensrückschau wissenschaftlich deuten lassen.

Was ist eine »Nahtoderfahrung«? Sie ist ein Phänomen, das auftreten kann (jedoch nicht muss), **wenn jemand dem Tod sehr nahe kommt und sich nach erfolgreicher Reanimation noch an das zuvor Erlebte erinnert**.[105] Die meisten Nahtoderfahrungen werden durch Herzstillstand ausgelöst. Weil heute immer mehr Menschen dank unserer modernen

Notfallmedizin einen akuten Herzstillstand überleben, stieg die Zahl der Nahtodberichte in jüngster Zeit stark an. Noch vor fünfzig Jahren sind die meisten Betroffenen gestorben, bevor sie ihre Erlebnisse mitteilen konnten.

Der berühmte Schweizer Psychiater Carl Gustav Jung hatte im Jahr 1944 einen Herzinfarkt und berichtet von einer erstaunlichen, außerkörperlichen Erfahrung: »Es schien mir, als befände ich mich hoch oben im Weltraum. Weit unter mir sah ich die Erdkugel in herrlich blaues Licht getaucht. Ich sah das tiefblaue Meer und die Kontinente. Tief unter meinen Füßen lag Ceylon und vor mir der Subkontinent von Indien. Mein Blickfeld umfasste nicht die ganze Erde, aber ihre Kugelgestalt war klar erkennbar, und ihre Kontinente schimmerten silbern durch das wunderbare blaue Licht. An manchen Stellen schien die Erdkugel farbig oder dunkelgrün gefleckt wie oxydiertes Silber. Links lag in der Ferne eine weite Ausdehnung – die rotgelbe Wüste Arabiens. Es war, wie wenn dort das Silber der Erde eine rotgelbe Tönung angenommen hätte ... Später habe ich mich erkundigt, wie hoch im Raume man sich befinden müsse, um einen Blick von solcher Weite zu haben. Es sind etwa 1500 Kilometer.«[106] Jung konnte die Farbnuancen unserer Erde exakt so beschreiben, wie sie erst zwanzig Jahre später auf Satellitenfotos für die Menschheit sichtbar wurden! Sein Erlebnis ist mit der heutigen Schulmedizin nicht vereinbar.

Ina, eine Leserin, schickte mir eines Tages den folgenden Bericht in einer E-Mail zu: »Von einer Sekunde zur anderen sah ich die ganze Welt, das ganze Universum. Ich war das ganze Universum, in jedem Baum, in jedem Blatt, in jedem Menschen und in jedes Menschen Gedanken – gleichzeitig ich selbst und zugleich der andere (die anderen). Ich konnte mit einem Gedanken an jede Stelle des Universums reisen in Sekundenschnelle. Es sieht aus wie ein Hologramm, in das man wie durch Gottes Auge schaut und dann erkennt, dass man Gott und gleichzeitig sich selbst ist. Es ist für mich entsetzlich schwer, diesen Satz zu schreiben, weil er doch so blasphemisch klingt und ich nie gewagt hätte, so was auch nur zu denken, geschweige denn auszusprechen. Die Worte fehlen mir, um das alles so auszudrücken. Man ist eins mit allem, fühlt und denkt mit allem, sieht jede Auswirkung auf alles und jeden.«[107]

Und Craig schreibt, nachdem er mit fast zwanzig Jahren beinahe ertrunken wäre: »Es war wie ein Tunnel. Ich schien immer schneller zu werden. Ich hatte ein Gefühl, als würde ich mich *mit Lichtgeschwindigkeit* durch das Dunkel bewegen. Ganz weit weg in der Ferne sah ich einen kleinen *Lichtpunkt*, der allmählich größer zu werden schien; irgendwie wusste ich, dass das mein Ziel war ... Aber kurz bevor ich das Licht erreichte, hielt ich inne, weil ich plötzlich das Gefühl bekam, dass ich, wenn ich ihm zu nahe käme, meinen Weg zurück zur Erde nicht mehr finden würde ... Ich saß also reglos da, und auf einmal schien das Licht auf mich zuzuströmen, als wolle es die Distanz ausfüllen, die ich zu ihm gelassen hatte. Schon bald war ich vollkommen davon umgeben und bekam das Gefühl, als würde ich eins mit dem Licht. Es schien alles zu wissen, was man wissen kann, und es akzeptierte mich als einen Teil seiner selbst. Für einige Minuten hatte ich selbst das Gefühl, alles zu wissen. Alles schien plötzlich absolut sinnvoll zu sein. Die ganze Welt schien sich in völliger Harmonie zu befinden.«[108]

Neev wurde während eines Baseballspiels schwer verletzt: »Ich beobachtete, wie die Sanitäter meinen Körper auf eine fahrbare Liege hievten und sie durch die beiden großen Türen in die Notaufnahme schoben. In diesem langen, hell erleuchteten Korridor kamen sofort die Assistenzärzte auf mich zugerannt; sie fühlten meinen Puls und maßen meinen Blutdruck. Mehrere Ärzte machten sich gleichzeitig an mir zu schaffen. Meine Vitalfunktionen waren schwach, und es wurde eine Röntgenaufnahme für meinen Kopf angeordnet. Ich sah zu, wie ich in den Röntgenraum geschoben wurde; dort deckten sie mich mit einer Bleidecke zu, und dann ging das Licht aus ... Eine meiner Fragen führte plötzlich zu meinem Lebensrückblick. Es war, als würde ich mein Leben von Anfang bis Ende in einer auf Schnellvorlauf gestellten Filmschneidemaschine sehen ... Ich sah mein Leben, lebte es noch einmal. Alles, was ich je gefühlt hatte, fühlte ich noch einmal – jeden Schnitt, jeden Schmerz, jedes Gefühl und alles, was zu jedem jeweiligen Abschnitt meines Lebens dazugehörte. Gleichzeitig sah ich die Auswirkungen meines Lebens auf meine Mitmenschen ... Ich fühlte alles, was sie fühlten, und dadurch begriff ich die Folgen meines gesamten Tuns, des guten wie des schlechten. Dieser Lebensrückblick war das schönste Erlebnis, das ich je gehabt habe, aber gleichzeitig auch das erschreckendste ... Seither ist vieles, was mir früher kostbar war, unbedeutend geworden. Geld und materieller Besitz bedeuten mir kaum mehr etwas.«[109]

Ich möchte nicht den Eindruck erwecken, dass jeder, der dem Tod nahe kommt, nach erfolgreicher Reanimation über ein solches Erlebnis berichten kann. Dem ist nicht so. Vielmehr hat sich inzwischen eine Sterbeforschung etabliert, die unter anderem den Fragen nachgeht, wie häufig und unter welchen Bedingungen eine Nahtoderfahrung gemacht wird, und wann sie eher positiv oder negativ verläuft. Hier sind ein paar Zahlen: Es wird geschätzt, dass etwa fünf Prozent aller Einwohner in den Industriestaaten mindestens einmal im Leben eine Nahtoderfahrung machen.[110] Ob sie sich nach erfolgreicher Reanimation an alles erinnern, hängt möglicherweise von den äußeren Umständen ab. Wer einen Unfall hat, war kurz davor weniger benommen als jemand, der mit einer tiefen Narkose auf dem OP-Tisch liegt.

Der niederländische Kardiologe Pim van Lommel hat in der renommierten Fachzeitschrift *Lancet* eine groß angelegte Studie mit 344 Herzinfarktpatient*innen veröffentlicht. Darin konnte er zeigen, dass etwa 20 Prozent aller Menschen, die einen Herzstillstand hatten und reanimiert wurden, über eine Nahtoderfahrung berichten können.[111] Daraus zog Pim van Lommel den Schluss, dass wir das Phänomen der Nahtoderfahrung neu interpretieren müssen und dass eine Art »endloses Bewusstsein« existiert.[112]

Noch uneins sind sich die Forscher*innen bei der Frage, wann jemand das Sterben als positiv erlebt und wann nicht. Ich glaube, die Antwort hat damit zu tun, ob wir bereit sind, alles aus unserem Leben offenzulegen oder nicht. Wie ich im nächsten Unterkapitel zeigen werde, gibt es eine Ewigkeit, die alles umfasst, was jemals im Kosmos geschieht. In dieser Ewigkeit ist also alles »bekannt«. Wer das im Sterben akzeptieren kann, weil er stets achtsam und liebevoll gelebt hat, wird seine Rückschau als angenehm empfinden. Wer hingegen erkennen muss, was er anderen oder der Natur an Leid zugefügt hat, dürfte eine Art »Hölle« erfahren.

Die vier zitierten Nahtoderfahrungen stehen stellvertretend für viele andere. Auch religiöse Jenseitsvorstellungen und Weisheiten der heiligen Schriften sind möglicherweise auf solche Erlebnisse zurückzuführen. Zum Beispiel enthält das *tibetische Totenbuch*, eine buddhistische Einweisung ins Sterben, gleich mehrere Phasen einer Nahtoderfahrung. Der US-amerikanische Sterbeforscher Kenneth Ring schlug vor, Nahtoderfahrungen in fünf thematisch verschiedene Phasen einzuteilen (Tabelle 4).[113] Phase 1 wird am häufigsten erlebt. Phase 5 ist die letzte Phase, während der eine Rückkehr ins Leben noch möglich ist.

| Phase | Häufigkeit | Thema |
|---|---|---|
| Phase 1 | etwa 60 % | Schmerzlosigkeit, Frieden |
| Phase 2 | etwa 37 % | außerkörperliche Erfahrung |
| Phase 3 | etwa 23 % | Flug durch dunklen Tunnel |
| Phase 4 | etwa 16 % | Begegnung mit hellem Licht |
| Phase 5 | etwa 10 % | Eintauchen ins Licht, Rückschau |

*Tab. 4: Einteilung von Nahtoderfahrungen nach Kenneth Ring*

*Schmerzlosigkeit* und *Frieden* sind Phänomene, die wir noch relativ gut nachvollziehen können: Bei einem Herzstillstand wird die Sauerstoffzufuhr ins Gehirn unterbrochen, sodass es sofort in Alarmbereitschaft versetzt wird und eintreffende Schmerzsignale automatisch blockiert. Deutlich schwieriger ist es zu verstehen, wie *außerkörperliche Erfahrungen* möglich sind. Medizinisch wird zwischen »klinisch tot« (Herz steht still) und »hirntot« (irreversibles Ende aller Hirnfunktionen) unterschieden. Somit wäre es denkbar, dass bei einem Herzstillstand noch Teile des Gehirns funktionsfähig sind und irgendwie Informationen von außerhalb des Körpers empfangen. Wie das geschieht, kann ich nicht erklären, aber ich erinnere an die Grundregel von Abraham Maslow: Wissenschaft muss selbst das in ihren Zuständigkeitsbereich aufnehmen, was sie nicht zu erklären vermag. Carl Gustav Jung beschrieb unseren Planeten so detailreich, wie es damals nur vom Weltraum aus möglich gewesen wäre.

Umso leichter fällt es mir, den Flug durch einen *dunklen Tunnel*, die Begegnung mit einem *hellen Licht*, das *Eintauchen ins Licht* und die *Lebensrückschau* wissenschaftlich zu deuten, nämlich mit einem Effekt aus Einsteins Relativitätstheorie – dem *Searchlight-Effekt* (auf Deutsch: Scheinwerfer-Effekt).[114] Um diesen Effekt zu verstehen, greife ich zunächst auf ein Beispiel zurück, das uns aus dem Alltag bestens bekannt ist. Angenommen, es ist windstill und es schneit, das heißt, die Schneeflocken fallen senkrecht vom Himmel. Sie selbst sitzen im Auto und fahren mit einer hohen Geschwindigkeit durch die herabfallenden Schneeflocken. Aus Ihrer Perspektive fallen die Flocken dann nicht senkrecht, sondern schräg von vorne auf die Windschutzscheibe.

Nun ersetzen wir die Schneeflocken durch Licht und das Auto durch eine sehr schnelle Rakete: Aus der Perspektive eines Beobachters außerhalb der Rakete trifft aus allen Richtungen Licht auf die Rakete, auch von der Seite (Abbildung 24 oben). Sie selbst sitzen in der Rakete, und für Sie kommt dasselbe Licht schräg von vorne – gebündelt wie bei einem Scheinwerfer (Abbildung 24 unten). Das Ergebnis: Sie sehen vor sich einen Tunnel mit hellem Licht an dessen Ende.

*Eine zeitgemäße Offenbarung*

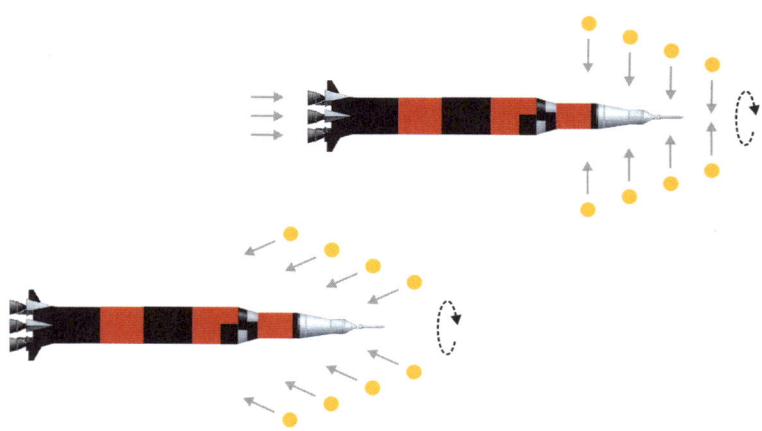

*Abb. 24: Der Searchlight-Effekt*

Abbildung 25 illustriert, wie sich der Searchlight-Effekt bei 75 Prozent der Lichtgeschwindigkeit bemerkbar macht. Das Foto beruht auf einer physikalisch exakten Simulation[115] von Einsteins Relativitätstheorie und zeigt einen Flug durch die Altstadt von Tübingen. Weitere Fotos finden Sie in meinem Buch *Die Welt mit anderen Augen sehen*.[116]

*Abb. 25: Flug durch Tübingen mit Searchlight-Effekt*

*Es war wie ein Tunnel*

Der Searchlight-Effekt vermittelt sehr deutlich den Eindruck eines Tunnels mit einem Licht an dessen Ende. Damit lassen sich Nahtoderfahrungen, in denen ein Tunnel und ein Licht beschrieben werden, erstmals als reale Erfahrungen deuten. Wir müssen lediglich annehmen, dass etwas von uns beim Sterben ins Licht eintaucht – vielleicht eine Seele?[117]

Es ist bemerkenswert, dass sich mit dem Eintauchen ins Licht auch die Lebensrückschau aus Phase 5 verstehen lässt, wie sie beispielsweise von Neev beschrieben wird. Die sterbende Person »badet« im Licht noch einmal in allen Szenen, die sie zu Lebzeiten erlebt hatte. Die Rückschau konfrontiert die sterbende Person mit dem eigenen Leben, das – wie ich in Kürze zeigen werde – für immer im Licht gespeichert ist. Sie bekommt gespiegelt, was sie anderen oder der Natur an Liebe geschenkt oder an Leid zugefügt hat. Kein »externer« Gott wird am jüngsten Tag über uns richten, sondern jeder wird sein eigener Richter sein, sobald er sein Leben im Licht des großen Ganzen sieht. Göttlicher[118] im Sinne von »fairer« und »lehrreicher« kann Gerechtigkeit nicht sein!

*Natürlich* dürfen Sie bezüglich Nahtoderfahrungen skeptisch bleiben. In diesem Fall will ich Ihnen aber gerne noch drei wichtige Impulse zum Nachdenken geben: 1) Wie kann ein Herzstillstand, der nur wenige Sekunden oder Minuten dauert, zu massiven Änderungen im Lebensstil führen? Aus egoistischen Menschen werden nach einer Nahtoderfahrung oft äußerst soziale Wesen. Mir ist kein einziger Fall bekannt, wo aus einem sozialen Menschen ein Egoist wurde. 2) Nicht nur die Lebensrückschau lässt sich mit einem Eintauchen ins Licht verstehen, sondern auch das Phänomen einer Wiedergeburt. Wer wie auch immer Zugriff auf den Lichtspeicher hat und Dinge über andere Menschen erfährt, die lange vor ihm gelebt haben, könnte sich nach einer erfolgreichen Reanimation irrtümlicherweise mit einer anderen Person identifizieren. 3) Auch Sterben ist ein Prozess. Was schätzen Sie, wie lange Ihr Sterbeprozess wohl dauern wird? Nur wenige Augenblicke, sodass es keinen Sinn macht, sich schon jetzt darüber Gedanken zu machen? Dann habe ich etwas für Sie: Angenommen, Sie sterben im Alter von 80 Jahren und erleben dabei Ihr ganzes Leben noch einmal – aber nicht nur aus Ihrer Perspektive, sondern auch aus den Perspektiven aller Mitmenschen. In diesem Fall wird das Sterben für Sie mindestens 80 Jahre dauern. Was für Ihre Angehörigen wenige Augenblicke sind, kann für Sie viel länger dauern, weil Zeit relativ ist. Die Lebensrückschau wird von Betroffenen oft als besonders lehrreich bezeichnet. Mein Rat: Leben Sie so, dass Ihre Lebensrückschau möglichst angenehm sein wird!

## WIE SCHMECKT SCHOKOLADE?

Die gute Nachricht vorweg: Ja, ich werde Ihnen gleich mit schlüssigen Argumenten zeigen, dass die Ewigkeit existiert. Die nicht unbedingt schlechte Nachricht: Die Ewigkeit ist vollkommen, aber nicht das, was sich viele Menschen erhoffen. Beispielsweise ermöglicht sie uns kein Weiterleben nach dem Tod. Das wurde mir eines Tages plötzlich bewusst, als ich mich fragte, ob ich meine lieben Eltern jemals wiedersehen würde, nachdem sie nahezu zeitgleich gestorben waren. Meine Antwort: Eine Ewigkeit, die vollkommen ist, umfasst alles. Deshalb kann in ihr nichts Neues mehr geschehen, das heißt, wir können in ihr weder weiterleben noch miteinander kommunizieren. Was sollte ich meinen Eltern denn noch mitteilen, wenn in der Ewigkeit alles bekannt ist? Sie wüssten es dann doch schon! Es ist diese Einsicht, die meine Auffassung von Ewigkeit grundlegend verändert hat.

Falls jemand dennoch behauptet, ohne Körper weiterleben zu können, frage ich gerne zurück: Wozu habe ich einen Körper, wenn ich auch ohne ihn existieren könnte? Die einzig schlüssige Antwort, die ich bisher darauf gefunden habe, lautet: Nur mit einem Körper kann ich etwas wahrnehmen, also Erfahrungen machen. Und genau das macht Leben aus. Bruce Lipton bringt diesen Zusammenhang sehr schön auf den Punkt: »Wenn wir nur noch Geist wären, wie schmeckt dann Schokolade?«[119]

»Ewigkeit« ist ein theologischer, aber kein naturwissenschaftlicher Begriff. Dennoch können wir uns auf der Ebene der Logik an sie herantasten. Ewigkeit wird gerne mit Zeitlosigkeit gleichgesetzt. Doch kann Zeit wirklich aufhören zu existieren? Die Antwort: Sie kann es nicht! Auch gibt es keinen Anfang von Zeit. Das möchte ich Ihnen mit einem einfachen logischen Argument demonstrieren. Angenommen, die Zeit wäre im Kosmos zu einem bestimmten Zeitpunkt $t_{Start}$ entstanden, das heißt, *davor* hätte es Zeit noch nicht gegeben. Wir alle wissen intuitiv, dass Zeit vorhanden sein muss, damit etwas entstehen kann. Ohne Zeit gibt es kein »Entstehen«. Und genau dieses Argument wenden wir jetzt auf die Zeit selbst an: Damit Zeit entstehen kann, muss Zeit bereits vorhanden sein. Folglich muss Zeit doch schon kurz vor $t_{Start}$ existiert haben. Weil diese Folgerung aber unserer Annahme widerspricht, kann es keinen Anfang von Zeit geben.

*Eine zeitgemäße Offenbarung*

Es kann auch kein Ende von Zeit geben. Angenommen, $t_{Ende}$ wäre der letzte Zeitpunkt im Kosmos, das heißt, *danach* würde die Zeit verschwinden. Wir alle wissen intuitiv, dass Zeit vorhanden sein muss, damit etwas verschwinden kann. Ohne Zeit gibt es kein »Verschwinden«. Und genau dieses Argument wenden wir jetzt wiederum auf die Zeit selbst an: Damit Zeit verschwinden kann, muss Zeit noch vorhanden sein. Folglich muss Zeit doch noch kurz nach $t_{Ende}$ existieren. Weil diese Folgerung aber unserer Annahme widerspricht, kann es kein Ende von Zeit geben.

Was wir eben logisch abgeleitet haben, folgt auch direkt aus Einsteins Relativitätstheorie. Sie besagt, dass Raum und Zeit relativ sind, also von der Perspektive eines Beobachters abhängen. Somit gibt es weder *den* Raum noch *die* Zeit, also auch keinen Anfang und kein Ende von *dem* Raum und *der* Zeit. Aus physikalischer Sicht sind Raum und Zeit gar keine Substantive, sondern Eigenschaften wie »klein« oder »rot« (Abbildung 26). Wir sollten also nicht von den Substantiven »Raum« und »Zeit« sprechen, sondern von den Adjektiven »räumlich« und »zeitlich«.[120] Mein Rat: Stellen Sie sich Zeit stets als zeitliche Distanz vor – als Zahl mit einer Zeiteinheit (zum Beispiel »Sekunde«). Zahlen können beliebig groß und beliebig klein sein. Und schon begreifen Sie, weshalb Zeit weder einen Anfang noch ein Ende haben kann. Das Gleiche gilt für Raum und räumliche Distanzen – vorausgesetzt, Sie versehen Ihre Zahlen mit einer Längeneinheit (zum Beispiel »Meter«). Und schon begreifen Sie, weshalb der Weltraum keinen äußeren Rand haben kann. Nur für ein besseres Verständnis werde ich hin und wieder von »Raum« und »Zeit« sprechen; gemeint sind stets »räumlich« und »zeitlich«.

*Wie schmeckt Schokolade?*

*Abb. 26: Die Adjektive »räumlich« und »zeitlich«*

Unser Schlüssel zur Ewigkeit ist ... Licht. Es ist kein Zufall, dass alle Weltreligionen dem Licht etwas Göttliches beimessen. Licht hat wirklich etwas Mystisches. Es ist die leichteste Zutat des Kosmos. In vielen Sprachen, auch im Deutschen, ist die Leichtigkeit schon in der Wortwurzel verankert: Licht ist l-(e)-icht. Die englische Sprache unterscheidet gar nicht zwischen »Licht« und »leicht« – *light* steht für beides.

Physiker*innen können die Lichtgeschwindigkeit heute sehr genau messen: Sie beträgt exakt 299 792,458 Kilometer pro Sekunde oder etwa eine Milliarde Kilometer pro Stunde. Wir glauben, dass sie eine Naturkonstante ist, also überall im Kosmos denselben Wert hat. Absolut sicher sind wir uns dessen nicht, weil wir nicht im gesamten Kosmos nachmessen können. Sicher ist aber etwas anderes: Da wir Menschen eine Masse haben, können wir uns nie mit Lichtgeschwindigkeit bewegen. Unser eigenes Gewicht hindert uns daran, mit dem Licht Schritt zu halten. Deshalb können wir es nie greifen, geschweige denn *be*greifen. Es gibt also einen guten Grund, warum wir niemals verstehen werden, was Licht ist. Wie könnten wir etwas verstehen, was viel zu schnell ist, als dass wir seiner habhaft werden?

Um dennoch ein vages Bild vom Naturell des Lichts zu erhalten, empfehle ich uns einen Blick in den Nachthimmel. Es ist ein Blick in die Vergangenheit. So mancher Stern existiert gar nicht mehr, wenn wir ihn sehen. Sein Licht enthält aber weiterhin sämtliche Informationen über den Stern. An jedem Prozess im Kosmos ist Licht beteiligt. Deshalb ist das Lichtfeld[121] um uns herum ein riesiger Speicher – auch wenn wir technisch nicht fähig sind, die unzähligen Informationen zu entschlüsseln. Es ist keine Esoterik, vom »Lichtspeicher« zu sprechen. Licht kann Telefongespräche, TV-Programme und das Internet übertragen! Sogar unsere Gedanken hinterlassen über elektrische Hirnströme Spuren im Licht.

*Licht speichert alles, was jemals im Kosmos geschieht.* Darum nenne ich es auch »Gedächtnis der Welt«[122] oder »Tagebuch der Schöpfung«.[123] Ich übertreibe nicht, wenn ich behaupte, dass das Licht alles »weiß«. Doch selbst diese Lobeshymne wird dem Licht nicht gerecht. Ich vermute, dass das Licht auch alle Naturgesetze mit sich trägt und überall im Kosmos garantiert. Die Garantie könnte dadurch erfolgen, dass das Licht permanent mit Materie wechselwirkt, also stets mit ihr in Kontakt ist. Dem Licht die Naturgesetze zuzuschreiben, ist auch deshalb sinnvoll, weil nach der Urknalltheorie zuerst Licht vorhanden war und danach Materie.

Sie könnten einwenden, dass Information verloren geht, wenn Licht von Materie absorbiert wird. Doch der Einwand hält einer Prüfung nicht stand. Es ist wie im Internet: Sobald eine Information *online* ist, wird sie vielerorts hinterlegt und geht nicht verloren, wenn sie auf einzelnen Servern gelöscht wird. Die Information verschwindet auch dann nicht, wenn sich das Licht über große Distanzen verteilt.

*Wie schmeckt Schokolade?*

Und jetzt halten Sie sich gut fest: Was ich hier skizziert habe, passt auch wunderbar zu religiösen Überlieferungen. In der biblischen Schöpfungsgeschichte schuf Gott am ersten Tag das Licht.[124] Und Johannes beginnt sein Evangelium so: »Im Anfang war das Wort, und das Wort war bei Gott, und Gott war das Wort.«[125] Wir müssen nur drei Worte ersetzen (Anfang/jeher, Wort/Naturgesetz, Gott/Licht), und sein Satz liest sich so: *Seit jeher war das Naturgesetz, und das Naturgesetz war im Licht, und Licht war das Naturgesetz.*

Ich vergleiche den Lichtspeicher gerne mit einem Buch, dessen Autoren wir alle sind. Jedes Wesen schreibt, solange es lebt, sein eigenes Kapitel in das übergroße Buch (Abbildung 27). Es kennt diesen Ausschnitt und auch Fragmente aus anderen Kapiteln, aber weder den Schluss des eigenen Kapitels noch das gesamte Buch. Mit meinem Vergleich will ich vor allem einen Aspekt verdeutlichen: Ein Buch existiert auch dann noch, wenn seine Autoren längst gestorben sind. Siegt das Licht als Weltgedächtnis über den Tod?

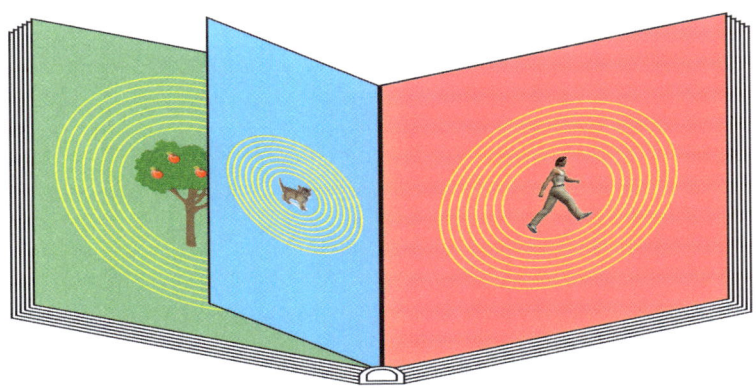

*Abb. 27: Licht als Weltgedächtnis*

*Eine zeitgemäße Offenbarung*

Nun sind wir bereit, die bemerkenswerteste Eigenschaft von Licht kennenzulernen. Wir stellen uns Licht gerne als teilbar vor: »Hier ist Sonnenlicht, dort Kerzenlicht und da das Licht einer Lampe.« Doch in der Relativitätstheorie ist alles Licht im Kosmos ein großes Ganzes: *Im Licht hat jede räumliche und jede zeitliche Distanz den Wert Null.*[126] Meditieren Sie über die Botschaft, die in diesem einen Satz steckt! Der Satz bedeutet, dass das Licht mit allem im Kosmos vertraut ist, weil für das Licht alles »hier« ist. Der Satz bedeutet auch, dass sich das Licht allem im Kosmos bewusst ist, weil für das Licht alles »jetzt« ist. Wir müssen nur diese zwei Aussagen zusammenfassen, und schon bauen wir eine Brücke zur Religion.

> *Ein Gott, der Zugriff auf den Lichtspeicher hat,*
> *liebt uns alle und weiß alles.*

Weil Raum und Zeit relativ sind, existieren unzählig viele[127] Wirklichkeiten, jedoch nur eine Ewigkeit, die alles umfasst. Eine solche Ewigkeit kann nicht erst mit dem Tod beginnen. Sie ist Zeitfülle und nicht Zeitlosigkeit. Ich schlage vor, dass wir in Bezug auf die beiden Begriffe »Ewigkeit« und »ewig« umdenken. Licht dokumentiert alles, was jemals im Kosmos geschieht oder ist – auch jedes Naturgesetz. Also ist »Ewigkeit« **das Sein im Licht.** Mit allem, was wir tun, tragen wir zur Ewigkeit bei. Deshalb mein Rat: Verewigen Sie sich mit einem positiven Denkmal, indem Sie Liebe schenken!

Und wofür steht das Adjektiv »ewig«? Aus unserer Perspektive fällt ein Apfel in Raum und Zeit zu Boden. Würden wir Fotos machen, sähen sie aus wie in Abbildung 28 oben. Aber weil alle Materie kontinuierlich Licht als Wärmestrahlung abgibt und reflektiert, schreibt ein Apfel Informationen wie in Abbildung 28 unten ins Licht. »Ewig« bedeutet nicht, dass ein Apfel oder ein Mensch zeitlich unbegrenzt existiert, sondern dass etwas stets im Licht abrufbar ist. »Ewig« ist **im Licht seiend.** Es ist weit mehr als nur eine Geste, wenn wir im Gedenken an Verstorbene ein Licht anzünden.

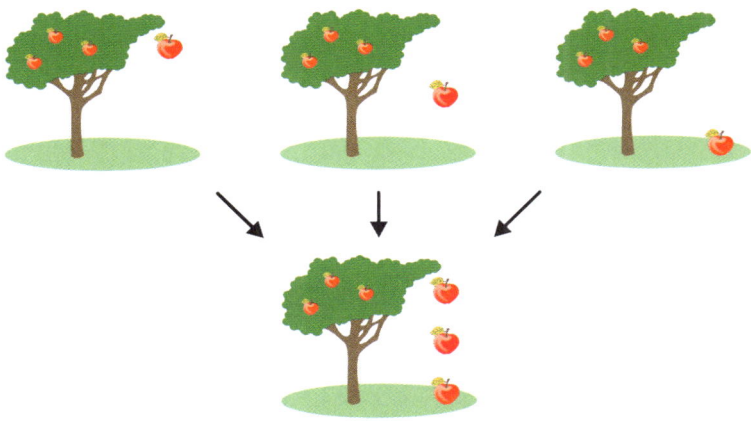

*Abb. 28: Ein Hauch von Ewigkeit*

In Abbildung 28 steckt aber noch eine andere wertvolle Botschaft: *Wir sind gut beraten, das objektorientierte Weltbild in ein prozessorientiertes Weltbild einzutauschen.* Alles Materielle ist vergänglich. Schon hundert Jahre später gibt es den Baum und die Äpfel nicht mehr! Das Einzige, was bleibt und folglich von dauerhaftem Wert ist, ist die Dokumentation aller Prozesse im Licht: das *Wachsen* und *Gedeihen* eines Baumes, das *Reifen* und *Fallen* eines Apfels, das genüssliche *Verzehren* eines Apfels durch Sie, einen Wurm oder mich. ☺

*Eine zeitgemäße Offenbarung*

Der deutsche Dichter, Theologe und Philosoph Johann Gottfried Herder hat einst ein wunderschönes Gedicht über die Ewigkeit verfasst. Kennen Sie es? Marian Reke, damals Prior an der Benediktinerabtei Königsmünster, schenkte es mir im Anschluss an eine meiner Lesungen. Auch heute bin ich ihm immer noch dankbar dafür. Das Gedicht beschreibt mit einem einzigartigen Bild, dass Ewigkeit keine neue oder andere, »jenseitige« Welt ist, die auf den Tod folgt. Ewigkeit geschieht hier und jetzt.

> Ein Traum, ein Traum ist unser Leben
> auf Erden hier.
>
> Wie Schatten auf den Wogen schweben
> und schwinden wir.
>
> Und messen unsre trägen Tritte
> nach Raum und Zeit,
>
> und sind (und wissen's nicht)
> *in Mitte* der Ewigkeit.[128]

Auch der österreichische Dichter Rainer Maria Rilke hat sich mit einem denkwürdigen Zitat verewigt, das wunderbar zur Ewigkeit passt: »Vernichte die Zahl!«[129] Haben Sie eigentlich schon bemerkt, dass die Seitenzahlen fehlen? Eine Ewigkeit, die alles umfasst, kennt weder eine Vergangenheit noch eine Zukunft. Eine Reihenfolge existiert nicht. Alles ist einfach da – auch jede Position eines fallenden Apfels.

Ein Leser, der passend zu einer Offenbarung Johannes heißt, schickte mir eine E-Mail mit einer Frage zur Ewigkeit.

*Das Bild mit dem Tagebuch der Schöpfung gefällt mir. Aber da kommt für mich auch der Knackpunkt: Entweder sind die Seiten bereits beschrieben, nur kann ich sie nicht lesen. Oder sie sind noch leer, und ich fülle sie Stück für Stück aus. Dann enthält die Ewigkeit aber noch nicht alles, was jemals im Kosmos geschieht. Wie soll ich verstehen, dass die Ewigkeit schon alles enthält und trotzdem laufend Neues von den Menschen hinzukommt?*

Meine Antwort:
Das Problem besteht darin, dass Sie glauben, das Tagebuch der Schöpfung müsse *entweder* schon fertiggeschrieben sein *oder* aber wir schreiben es erst. Bitte denken Sie an das Buch, das Sie jetzt gerade lesen. Aus Ihrer Perspektive ist es bereits fertiggeschrieben. Doch dasselbe Buch schreibe ich jetzt erst. Wichtig ist der Punkt, der zwischen beiden Sätzen steht. Er trennt zwei Perspektiven voneinander, zwischen denen wir nicht wechseln können. Auch die Ewigkeit kann alles enthalten, obwohl wir das Licht aus unserer Perspektive noch mit Informationen »füttern«. Es wäre ein grober Denkfehler zu behaupten: Wenn ich *jetzt* noch Informationen hinzufüge, kann die Ewigkeit *jetzt* noch nicht alles enthalten. Der Denkfehler beruht darauf, dass der Begriff »jetzt« verschiedene Bedeutungen hat. Mein »Jetzt« steht für einen Augenblick in meiner Zeit. Im Licht steht »jetzt« für alle Zeit. Die einzige Möglichkeit, sich in die Ewigkeit »hineinzudenken«, besteht darin, sie sich als *Projektion* vorzustellen. (Anmerkung: Die Abbildung 28 zeigt eine solche Projektion.)

Bevor wir uns nun gleich dem Ich zuwenden, das heißt uns selbst, will ich noch einen Gedanken mit Ihnen teilen, der an etwas anknüpft, was wir gerade eben besprochen haben. Es geht nochmals um das Einzige, was bleibt. Weil alle Materie vergänglich ist, gilt: Wer sich unsere Welt aus Materie aufgebaut denkt, hat ein Weltbild, das die *Vergänglichkeit* in den Mittelpunkt stellt. Wer sich hingegen unsere Welt aus Prozessen aufgebaut denkt, hat ein Weltbild, welches das *Ewige* – was stets im Licht abrufbar ist – in den Mittelpunkt stellt. Als ich das heute am Morgen erkannte (ich habe diese spirituelle Erfahrung tatsächlich unter der Dusche gemacht), war ich spontan sehr dankbar, dass mir materielle Dinge schon lange nicht mehr wichtig sind. Kein materielles Denkmal ist für die Ewigkeit. Jeder kann sein Weltbild frei wählen. Mögen immer mehr Menschen dem Materialismus abschwören und sich auf Whiteheads Spuren begeben!

## ES LEBT MICH

Ich bin ein ... ja, wer bin ich denn überhaupt? Eine Person, ein Subjekt, ein fühlendes Wesen oder ein lernendes Wesen? Alles davon auf einmal? Keine dieser Antworten stellt mich zufrieden, weil sie die Ausgangsfrage einfach nur verlagern: Was ist eine Person, ein Subjekt, ein Wesen? Die Herkunft des Wortes »Person« ist sprachwissenschaftlich nicht eindeutig geklärt. Denkbar wäre die Abstammung vom lateinischen Verb *personare* (auf Deutsch: hindurchklingen). Oder ist es dem etruskischen Begriff *phersu* (auf Deutsch: Maske) entlehnt?[130] Bin ich jemand, der eine Maske trägt? Auch die

Herkunft des Wortes »Subjekt« vom lateinischen *subiectum* (auf Deutsch: das Untergeordnete) hilft uns nicht wirklich weiter. Dennoch ist zumindest in den lateinischen Vokabeln ein wichtiger Hinweis versteckt: Sowohl *personare* als auch *subiectum* sind Verbformen. Lässt sich die Bedeutung des Ich nur über Verben erfassen? Ist auch das Ich ein Prozess? Alfred North Whitehead lässt grüßen: Mit jeder Erfahrung, die ich mache, verändere ich mich.

Wem diese Herangehensweise zu theoretisch ist, möge sich fragen: Woran mache ich das Ich fest? Berühren Sie bitte mit einem Finger Ihre Nase, und Sie werden sich mit Ihrem Körper identifizieren: »Das bin ich!« Doch schon meldet sich Ihr Großhirn zu Wort und ruft: »Stopp, was ich da berühre, sind keine Gedanken. Bin ich nicht auch das, was ich gerade denke?« Aber ehe das Großhirn triumphieren kann, schaltet sich Ihr Zwischenhirn ein: »Denken lässt sich auch das, was nicht ist. Ich bin, was ich fühle!«

Wer oder was bin ich? An dieser Frage haben sich schon viele berühmte Wissenschaftler*innen ihre Zähne ausgebissen. Zum Beispiel verknüpfte der französische Mathematiker und Philosoph René Descartes das Ich mit dem Denken: »Ich denke, also bin ich.«[131] Auf den ersten Blick scheint diese Aussage logisch zu sein, aber bei genauem

*René Descartes (1596 – 1650)*

Hinschauen erweist sie sich dann doch als ein sogenannter *Zirkelschluss*: Die Annahme »ich denke« setzt mein Ich bereits voraus; ausgehend von einer solchen Annahme dürfen wir nicht ableiten, dass ich bin.

Ludwig Feuerbach, deutscher Philosoph, machte das Ich nicht mehr am Denken fest, sondern am Fühlen: »Ich fühle, also bin ich.«[132] Feuerbach setzte Fühlen mit Sein gleich. Denken beziehe sich oft auf das, was nicht ist. Deshalb nannte er das Ich auch »eine Sache des Herzens« und das Denken eine »Sache des Kopfes«.[133] Wenn das Geistige stets

*Ludwig Feuerbach (1804 – 1872)*

das Primäre sei und die Materie nur Sekundäres, werde die Natur abgewertet. Die Idee, das Fühlen in den Vordergrund zu stellen, war großartig, aber Feuerbach tappte in dieselbe Falle wie Descartes: Die Annahme »ich fühle« setzt mein Ich bereits voraus; ausgehend von einer solchen Annahme dürfen wir nicht ableiten, dass ich bin.

Auch David Hume, Philosoph und Ökonom aus Schottland, hat sich intensiv mit dem Ich beschäftigt. Anders als Descartes und Feuerbach kam er aber zu dem Schluss, dass kein Ich existiert. Das Ich müsste ein konstanter Sinneseindruck sein.[134] Doch in einer Abfolge von vielen Sinneseindrücken sei nichts

*David Hume (1711 – 1776)*

Konstantes, das mit einem Ich gleichgesetzt werden könnte. Hume hatte den Weg für viele moderne Auffassungen vom Ich geebnet, kam aber selbst nicht auf die Idee, ihn zu gehen: Wenn das Ich nicht statisch sein kann, ist es dynamisch – ein Prozess! Ein Siebzigjähriger ist nicht mehr derselbe Mensch, der er als Zehnjähriger war. Er hat andere Gefühle, andere Gedanken und sogar einen anderen Körper. Fast alle Zellen erneuern sich alle paar Jahre, ohne dass wir es bemerken.[135] Das Ich verändert sich, solange es existiert. Dass es hierbei dennoch eine »Identität« bewahrt und für alle »seine Taten« verantwortlich gemacht werden kann, trifft nur im Rahmen menschlicher Rechtsprechung zu.

Die Vorstellung, dass auch ich ein Prozess bin, ist gewöhnungsbedürftig. Es wäre sicher hilfreich, wenn wir dem Ich ein dynamisches Wort zuschreiben könnten, beispielsweise eine Verbform. Doch dafür bräuchten wir eine andere Sprache. Unsere Sprache kennt nur das statische Pronomen »ich«. Es gibt einen genialen Trick, wie wir dennoch unsere Aufmerksamkeit weg vom Ich auf eine Tätigkeit fokussieren können. Der französische Dichter Arthur Rimbaud macht es uns vor. »Es ist falsch zu sagen: Ich denke. Man sollte sagen: Es *denkt* mich.«[136] Die Betonung liegt auf dem Wort »denkt«. Rimbaud wollte damit zum Ausdruck bringen, dass »ich« das Produkt eines Denkens bin und nicht dessen Ursache, wie es Descartes angenommen hatte.

*Arthur Rimbaud (1854 – 1891)*

Allerdings ist Rimbauds Eingebung »es *denkt* mich« viel tiefsinniger, als sie auf den ersten Blick scheint. Indem er das Subjekt »ich« zum Objekt »mich« macht, tritt ganz automatisch die Tätigkeit des Denkens in den Vordergrund. Genau diesen Trick machen sich autogenes Training und zahlreiche Meditationstexte zunutze, wenn sie uns die Redeformel »es *atmet* mich« abverlangen. Indem ich meine Aufmerksamkeit auf das Atmen fokussiere, lerne ich, von mir selbst loszulassen und mit dem Universum eins zu werden. Bei manchen

Verben sind uns sogar beide Varianten geläufig: »ich freue mich« und »es *freut* mich«. Probieren Sie es doch bei Ihrem nächsten Vorhaben aus, indem Sie dieses in den Mittelpunkt stellen: Es *arbeitet* mich, es *schwimmt* mich, es *tanzt* mich ... Oder noch besser: Es *lebt* mich.

Ich habe mir ein kleines Experiment für Sie ausgedacht. Bitte nehmen Sie sich ein Blatt Papier und schreiben Sie nur das Wort »ich« darauf. Auf ein anderes Blatt schreiben Sie drei Tätigkeiten untereinander, die Sie in den letzten Minuten ausgeführt haben, beispielsweise »ich lese, ich fühle, ich denke«. Danach schließen Sie bitte das Buch und überlegen sich, was Ihnen diese Worte bedeuten!

Wenn ich die drei Buchstaben »i«, »c« und »h« nebeneinander aufschreibe, so ist das entstehende Wort »ich« in meinen Augen leer. Es löst keine bildhafte Vorstellung von etwas in mir aus. Ganz anders reagiere ich, wenn wir das Wort »ich« mit einem Verb verknüpfen. »Ich lese« füllt mich mit Inhalt: Ich bin lesend. Daher schlage ich das Wort »ichend« vor und definiere es als Summe meiner Tätigkeiten. Ganz allgemein steht »ichend« also für alles, was ich tue. Und weil wir seit dem Unterkapitel über Whitehead wissen, dass wir alle im Grunde Erfahrungstropfen sind, steht »ichend« insbesondere für **erfahrend.**

Karin, auch eine Leserin, stellte mir eine Frage zum Ich.

*Mit großem Interesse habe ich Ihre Ausführungen zum dynamischen Ich gelesen. Für mich war das sehr spannend, weil ich viele Menschen kenne, die sich innerhalb weniger Jahre total verändert haben. Mit einer Konsequenz tue ich mich aber sehr schwer: Wenn es stimmt, was Sie schreiben, dann haben wir keine gleichbleibende Identität, und unser Rechtsstaat hat ein Problem. Wie können wir jemanden für ein Verbrechen belangen, das er einst begangen hat, wenn er heute nicht mehr derselbe ist wie zum Zeitpunkt der Tat?*

Meine Antwort:
Danke für Ihre Frage. Ja, weil wir uns permanent verändern, sollten wir auch unseren Gerechtigkeitsbegriff überdenken. Niemand ist eine Insel; kein Wesen ist von sich aus gut oder schlecht. *Prozesse im Umfeld machen uns zu dem, was wir sind.* Zu meinem Umfeld gehören alle Menschen, die mein Leben beeinflussen: Lebenspartner*in, Kinder, Eltern, Geschwister, Lehrer*innen, Freund*innen, Arbeitskolleg*innen, Bekannte. Ein Umfeld mit einem schlechten Einfluss kann aus mir einen Verbrecher machen; und schon bin ich nicht mehr allein verantwortlich für das, was ich tue. Nicht nur der Amokläufer verantwortet seine abscheuliche Tat, sondern auch alle, die sein Leben geprägt, den Waffenbau genehmigt, die Waffe gebaut oder einfach nur weggeschaut haben. Menschliche Rechtsprechung ist ein fauler Kompromiss, weil sie nur über das letzte Glied in einer Kette richtet. Das »Jüngste Gericht«, das der Lebensrückschau entspricht, ist von einer göttlichen Gerechtigkeit. Diese umfasst jedes noch so kleine Detail, das zu mehr Hass oder zu mehr Liebe im Kosmos führt.

Auf meinen Lesungen werden oft diese drei Fragen gestellt: 1) Hat ein Mensch nicht schon deshalb eine Identität, weil er einzigartige Gene in sich trägt? 2) Hängt es von den eigenen Genen ab, ob jemand ein Verbrecher wird? 3) Hat das prozessorientierte Weltbild Vorzüge im Umgang mit schweren Schicksalsschlägen und Gewaltverbrechen?

1) Wer die »Identität« eines Menschen an dessen Genen festmacht, reduziert ihn auf seinen materiellen Bauplan. Der Mensch ist aber weit mehr als sein Bauplan. Ich denke, wir haben die zentrale Botschaft der Evolutionstheorie noch gar nicht verinnerlicht: Weil alles Leben ein gigantischer Prozess ist, können wir keine Individuen sein.

2) Gene haben Einfluss auf den Hormonhaushalt[137] und das Suchtpotenzial[138] eines Menschen. Somit können sie ein gewalttätiges Verhalten begünstigen. Was ein Mensch fühlt, denkt und letztendlich tut, hängt jedoch vor allem davon ab, wie das Umfeld sein Leben geprägt hat.

3) Auf diese wichtige Frage antworte ich stets mit einem klaren Ja. Sobald wir uns selbst als Prozesse begreifen, rückt nämlich eine andere Frage in den Hintergrund: »Wieso trifft es gerade mich?« Wie ich bereits darlegte, zählt in einer Prozesswelt nicht, wer etwas tut, sondern was geschieht. Und: In einer Prozesswelt zählt auch nicht, *wem* etwas geschieht. Damit will ich Schicksalsschläge und Gewaltverbrechen auf keinen Fall kleinreden, aber die Frage »Wieso trifft es gerade mich?« hilft niemandem weiter – auch wenn es sehr wehtut. Täglich neue Mutationen eines Virus zeigen uns, dass Individualität in der Natur nichts zählt. Im prozessorientierten Weltbild steht etwas anderes im Mittelpunkt, was viel wertvoller ist als Individualität – Gott!

# SELBST GOTT IST EIN VERB

Wir gelangen nun zum zentralen Punkt meines Weltbildes. Es ist der Punkt, an dem Religion und Naturwissenschaft in meinem Kopf aufeinandertreffen – nicht als Kontrahenten, sondern als Verbündete. Es geht um nichts Geringeres als das, was gläubige Menschen als »Gott« bezeichnen. Auf den folgenden Seiten werde ich anhand von Beispielen darlegen, wie sich menschliche Auffassungen von Gott über die Zeit verändert haben, und Ihnen danach einen ungewöhnlichen, aber schlüssigen Gottesbegriff präsentieren.

Tabelle 5 zeigt eine Auswahl von Gottheiten der griechischen und römischen Mythologie. Es gab einen guten Grund für diesen sogenannten *Polytheismus:* Die Menschen der damaligen Zeit konnten sich viele Zusammenhänge noch nicht erklären und vermuteten hinter jedem für sie bedeutsamen Begriff einen anderen Gott. Die Planeten unseres Sonnensystems sind nach römischen Gottheiten benannt – der größte Planet nach dem Hauptgott Jupiter.

| griechisch | römisch | Funktion |
| --- | --- | --- |
| Zeus | Jupiter | Hauptgott |
| Hera | Juno | Familiengöttin |
| Athene | Minerva | Göttin der Weisheit |
| Aphrodite | Venus | Göttin der Liebe |
| Ares | Mars | Gott des Krieges |
| Apollon | Apollo | Gott des Lichts |
| Poseidon | Neptun | Gott des Meeres |

*Tab. 5: Gottheiten der griechischen und römischen Mythologie*

Aus heutiger Sicht mag es naiv klingen, dass für die Weisheit, die Liebe und den Krieg mehrere Gottheiten herhalten mussten. An der ursprünglichen Idee des Göttlichen hat sich aber nichts geändert: Bis heute ist »Gott« für viele Menschen eine Instanz, um für etwas zu bitten (das eigene Wohl oder den Sieg in einem Krieg), oder ein Platzhalter/Lückenbüßer für alles, was sich nicht erklären lässt.

Nach dem Niedergang des römischen Reiches traten die drei Schöpfergott-Religionen ihren Siegeszug an: Judentum, Christentum und Islam. Die Anfänge des Judentums reichen fast viertausend Jahre zurück, das Christentum entstand zur Blütezeit des römischen Reiches, und der Islam wurde im frühen 7. Jahrhundert nach Christus gestiftet. Es war jedoch nicht nur der Verfall des römischen Reiches, der den *monotheistischen* Religionen den Weg ebnete; hinzu kam ein in der Bevölkerung wachsendes Bedürfnis nach Frieden und Harmonie. Ein einzelner Gott, der den Gläubigen wohlgesonnen war, hatte wesentlich mehr Charme als viele Gottheiten, die auch noch oft zerstritten waren.

Das 1. Buch Mose des *Alten Testaments* ist zugleich das erste Buch des jüdischen *Tanach*. Es beschreibt, wie Gott als Schöpfer die Welt erschuf. Auf dieser Schöpfungsgeschichte beruht die Auffassung von Gott als »Schöpfer des Himmels und der Erde«, wie sie im christlichen Glaubensbekenntnis zu finden ist.[139] Aber auch im Islam ist Gott ein Synonym für den Schöpfer: »Er ist Gott, der Schöpfer, Erschaffer und Gestalter.«[140] Im Grunde lag es nahe, dass alle drei Religionen einen Schöpfergott preisen würden. Ein solcher Gott könnte unsere größte Wissenslücke schließen. Wie der Kosmos entstanden ist, lässt sich bis heute nicht erklären.

Viele Naturwissenschaftler*innen sind aber nicht bereit, diese Lücke mit einem Schöpfergott zu schließen. Der britische Physiker Stephen Hawking schreibt: »Wenn das Universum wirklich völlig in sich selbst abgeschlossen ist, wenn es wirklich keine Grenze und keinen Rand hat, dann hätte es auch weder einen Anfang noch ein Ende: Es würde einfach sein. Wo wäre dann noch Raum für einen Schöpfer?«[141] Das Zitat zeigt, dass Hawking überhaupt nicht auf die Idee kam, Gott könne mehr als ein Schöpfer sein. Auch Richard Dawkins bietet in seinem Buch *Gotteswahn* keine Alternative zum personalen Gott: »Wenn das Wort ›Gott‹ nicht völlig nutzlos werden soll, sollte man es so gebrauchen, wie die Menschen es im Allgemeinen verstanden haben: als Bezeichnung für einen übernatürlichen Schöpfer.«[142]

Ist somit die Existenz eines Schöpfers aus Sicht der modernen Naturwissenschaft überflüssig geworden? Mitnichten! Zunächst muss aber betont werden, dass die Frage nach einem Schöpfer nie Gegenstand der Naturwissenschaft war und auch nie sein wird, weil sie Natur beschreibt und nicht hinterfragt. Hawking und Dawkins stehen stellvertretend für ein Phänomen, das bereits eine Studie aus dem Jahr 1998 belegt, die in der Fachzeitschrift *Nature* publiziert wurde: Zu Beginn des 20. Jahrhunderts glaubten noch etwa 35 Prozent aller bedeutenden Physiker*innen an einen personalen Gott und an die eigene Unsterblichkeit; gegen Ende des 20. Jahrhunderts waren es nur noch 7 Prozent![143] Offenbar hat der Erkenntnisgewinn in der Physik zu einem deutlichen Wandel in Bezug auf die Religiosität geführt. Viele Naturwissenschaftler*innen glauben auch heute noch an einen Gott, aber eben nicht mehr unbedingt an einen personalen.[144]

*Eine zeitgemäße Offenbarung*

Unter den drei Schöpfergott-Religionen zeichnet sich der christliche Glaube durch ein spezielles Merkmal aus: Gott ist nicht nur Vater (also Schöpfer), sondern auch Sohn und Heiliger Geist. Dieser *dreifaltige Gott* ist das Markenzeichen der christlichen Lehre, lässt sich aber von vielen Gläubigen nicht leicht nachvollziehen. Wie kann ein Gott zugleich Vater und Sohn und noch etwas Drittes sein? Es ist wohl dieses schwer begreifbare Naturell, was Gott letztendlich ausmacht. Wer versucht, Gott auf einen Schöpfer zu reduzieren, würde sich mit einer solchen Definition über Gott stellen.

Die Dreifaltigkeit symbolisiert, dass der christliche Gott weit mehr ist als nur Schöpfer: Wie »Vater« ein Gleichnis für einen Schöpfer ist, so ist »Sohn« ein Gleichnis für alles vom Vater Gezeugte, das heißt für die gesamte Schöpfung. Und der »Heilige Geist«? Er steht für das Einhauchen von Atem, also für Lebendigkeit. Demnach ist Gott sowohl Schöpfer als auch Schöpfung als auch Lebendigkeit. Für uns mag es paradox klingen, dass etwas zugleich Schöpfer und Schöpfung ist, also Ursache und Wirkung in einem. Für einen Gott, der sich unserem Verständnis entzieht, muss das aber kein Ding der Unmöglichkeit sein. Im Gegenteil – ein solcher Gott, der auch Schöpfung und Lebendigkeit ist, löst die berüchtigte *Theodizee-Frage:*[145] Warum lässt Gott das Böse zu, wenn er als Schöpfer eingreifen und das Böse abwenden könnte? Meine Antwort hat zwei Teile: 1) Ein Gott, der zugleich Schöpfer und Schöpfung ist, kann nicht von außen eingreifen. So ein Gott fühlt und lernt durch uns – der Schöpfer reift an seiner eigenen Schöpfung. 2) Menschen sind »böse« zu Tieren und Pflanzen, wenn sie diese essen, aber Menschen eignen sich »gut« (als Nahrung) für Tiger. Für einen Gott, der zugleich

## Selbst Gott ist ein Verb

Schöpfer und Lebendigkeit ist, sind Gut und Böse so relativ wie Raum und Zeit. Sobald wir alles Leben als einen gigantischen Prozess begreifen, erkennen wir, wie alles zur selben Schöpfung – also zu Gott – beiträgt.

Gemessen an der Zahl seiner Anhänger ist das Christentum die bis heute erfolgreichste Religion,[146] allerdings dicht gefolgt vom Islam und vom Hinduismus. Der Islam erkennt Jesus Christus nicht als Gottes Sohn an, sondern beruft sich auf Mohammed als Gesandten Gottes.[147] Im Zentrum seiner Lehre stehen ein Sich-Gott-Unterwerfen und Brüderlichkeit. Für den Hinduismus gibt es keinen Religionsstifter. Deshalb ist er keine einheitliche Religion. Die höchste Gottesvorstellung im Hinduismus ist »Brahman«, die Weltseele. Hindus glauben an einen ewigen Kreislauf von Geburt, Leben, Tod und Wiedergeburt. Eine ähnliche Auffassung existiert auch im Buddhismus, der jedoch eine Lebensphilosophie ist und keine Religion. Buddha, der Erleuchtete, hatte immer wieder betont, dass man nicht an etwas glauben, sondern sein Handeln an den eigenen Erfahrungen ausrichten solle.[148]

Neben den großen Weltreligionen entstanden vielerorts auf unserem Planeten auch ethnische Religionen. Oft haben sie einen spirituellen Bezug zur Natur. Hierzu zählen unter anderem die ursprünglichen Aborigines in Australien oder die Maya, Azteken und Inka in Amerika. Der Gedanke, dass Gott und die Natur ihrem Wesen nach identisch seien, kam auch in Europa immer wieder auf. Berühmter Vertreter dieses *Pantheismus* war der niederländische Philosoph Baruch de Spinoza. Er sprach von der *natura naturans* (auf Deutsch: schöpferische Natur). In seinem Buch über die Ethik setzt er die schöpferische Natur mit Gott gleich.[149]

*Eine zeitgemäße Offenbarung*

Doch auch die Weltreligionen erschlossen sich spirituelle Wege zu Gott: die *Mystik* im Christentum, der *Sufismus* im Islam, die *Kabbala* im Judentum, der *Yoga* im Hinduismus. Allerdings wurde nur selten über diese Wege gesprochen. Mystische Traditionen fanden oft im Verborgenen statt. Im Gegensatz dazu ist der heutige *Zen-Buddhismus* eine offene Form von Spiritualität.

Ein erster Vertreter der christlichen Mystik war der deutsche Theologe und Philosoph Meister Eckhart. Er schreibt: »Ich bin nicht mehr der Meinung, dass Gott erkennt, weil er ist; sondern dass er ist, weil er erkennt. Gott ist also Intellekt und Erkennen, und Erkennen ist die Grundlage seines Seins.«[150] Das war ganz starker Tobak für eine Zeit, in der

*Meister Eckhart (ca. 1260 – 1328)*

jede Form von Häresie – das Verbreiten einer Irrlehre – auf das Härteste bestraft wurde. Bedenken Sie: Ein erkennender Gott kann nicht allwissend sein, weil er die Dinge erst noch erkennen muss! Doch eine andere Besonderheit an Eckharts Gottesbegriff ist noch viel revolutionärer: Eckhart setzt Gott mit einem Verb gleich – Gott ist Erkennen. Wow!!! Als ich diese Worte zum ersten Mal las, war ich zutiefst gerührt und sprachlos. Heute weiß ich, dass Meister Eckhart seiner Zeit sehr weit voraus war. Große Philosophen sind seither seinen Spuren gefolgt, allen voran Alfred North Whitehead. Leider wurde Eckhart trotz seiner vielen Verdienste für die Kirche und den Dominikanerorden gegen Ende seines Lebens doch noch wegen Häresie angeklagt. Ihm wurde zur Last gelegt, Dogmen zu hinterfragen.

## Selbst Gott ist ein Verb

Es zeugt von Schwäche, wenn sich eine Religion nur auf Dogmen beruft. Jede Lehre, die ein kritisches Hinterfragen nicht zulässt, ist es nicht wert, dass man an sie glaubt. »Gott ist Erkennen« fasst auch die Botschaft meines Buches in nur drei Worten zusammen. Es wäre sogar ein idealer Buchtitel, wenn – ja wenn der Begriff »Gott« unsere Gesellschaft nicht so sehr spalten würde. Wer ist schon bereit, bezüglich seiner Auffassung von Gott einen »Reset« durchzuführen und sich auf das Abenteuer »Gott ist Erkennen« einzulassen. Es wäre schon viel gewonnen, würden wir »Gott« nicht automatisch mit einer Person gleichsetzen.

Auch der deutsche Philosoph, Kardinal und Mathematiker Nikolaus von Kues war Mystiker: »Man kann weder sagen, dass Gott ist – noch kann man sagen, dass Gott nicht ist. Denn Gott ist der Grund allen Seins und Nichtseins. Er hat kein Gegenüber, gegen das man ihn abgrenzen kann. Gott ist alles, was er sein kann.«[151] Mit diesen Sätzen stieß

*Nikolaus von Kues (1401 – 1464)*

Nikolaus von Kues natürlich auf großen Protest. Er wurde aber nicht nur für seine Aussagen über Gott kritisiert; auch seine Einwände gegen das geozentrische Weltbild und seine Annahme eines unendlichen Kosmos lösten einen Sturm der Empörung aus. Für die meisten Theologen jener Zeit war es Blasphemie zu behaupten, dass man nicht sagen könne, ob Gott sei. Nikolaus von Kues stand jedoch zu seinen Worten: Alles, was man über Gott sage, müsse man ebenso bestreiten. Würde man das nicht tun, so setze man Gott mit einem Ding gleich. Reizvoll ist auch seine enge Verknüpfung von Religion und Mathematik. Er schreibt: »Die Mathematik ist ein treffliches Hilfsmittel im Erfassen göttlicher Wahrheiten.«[152] Tatsächlich lehnte Nikolaus von Kues jeden absoluten Punkt im Kosmos ab und bahnte damit fast 500 Jahre vor Einstein den Weg für die Relativitätstheorie.

Meister Eckhart und Nikolaus von Kues waren Wegbereiter des *Panentheismus* – einer Glaubensrichtung, nach der Gott in der Welt ist und sie zugleich überschreitet. Mit anderen Worten: Gott ist der Welt immanent und zugleich transzendent zu ihr. Erinnern Sie sich noch an Whiteheads Worte? »Es ist ebenso wahr zu sagen, ... dass die Welt in Gott ist, wie dass Gott in der Welt ist.«[153] Whiteheads Gedanken sind Panentheismus in seiner vollendeten Form.

Und nun lesen Sie einen der spannendsten Absätze im Buch. Wir müssen nur das, was wir auf den letzten Seiten erkannt haben, sinnvoll miteinander verknüpfen: Es ist eine große Leistung zu erkennen, dass Gott nicht nur Schöpfer ist, sondern auch Schöpfung.[154] Es ist eine noch größere Leistung zu erkennen, dass sich ein Schöpfer entfalten und an der eigenen Schöpfung reifen kann.[155] Es ist die allergrößte Leistung zu erkennen, dass sich ein Schöpfer und eine Schöpfung, die sich gegenseitig bedingen und bahnen, nicht durch ein weiteres Substantiv wie »Gott« beschreiben lassen, sondern nur – vermutlich ahnen Sie es – durch eine Verbform: »Gottend« steht für alles, was Gott tut. Es steht insbesondere für **schöpfend, geschöpft, lebend** (Vater, Sohn, Heiliger Geist). Diese Verbform beinhaltet *sowohl* »Gott ist Erkennen« (Eckhart) *als auch* »Gott hat kein Gegenüber« (Kues) *als auch* »die Welt ist in Gott, und Gott ist in der Welt« (Whitehead).

Die Christen haben in ihrem dreifaltigen Gott einen kostbaren, spirituellen Schatz. Dessen sind sich jedoch nur wenige Gläubige bewusst. Als Christ habe ich natürlich den besten Zugang zur christlichen Mystik, will aber in keinem meiner Bücher andere Religionen abwerten. Auch die jüdische Kabbala vermittelt einen verbalen Gottesbegriff. Der kanadische Autor William Paul Young hat ihn in seinem Weltbestseller *Die Hütte* verarbeitet. Darin charakterisiert Gott sich selbst: »Ich bin ein Verb! Ich bin lebendig, dynamisch, ewig aktiv und immer in Bewegung.«[156] Ich vermute, dass es im Sufismus und Yoga vergleichbare Erkenntnisse gibt. Doch leider sind wir Menschen allzu oft die Opfer unserer eigenen Sprachen, die auf Substantive fokussieren und nur einen »Gott« oder viele »Götter« kennen, aber kein »gottend«.

Auch das Naturell von Gott ist eine Verbform! Deshalb halte ich es für angemessen, am Schluss dieses gehaltvollen Kapitels nochmals einen Bezug zur ersten Buchhälfte herzustellen. Anhand von Viren, Bakterien und Krebszellen hatte ich gezeigt, dass sich Substantive nicht zur Bezeichnung von etwas eignen, was prozesshaft abläuft. Dann hatten wir im vierten Kapitel erkannt, dass auch die Evolution des Lebens ein Prozess ist (Darwin), dass alles im Kosmos ein gegenseitiges Wechselwirken ist (Heisenberg) und dass der gesamte Kosmos im Grunde etwas Lebendiges ist (Whitehead). Nach diesem fünften Kapitel spricht nun sehr viel dafür, dass wir auch den Begriffen »ich« und »Gott« besser gerecht werden, wenn wir sie durch Verbformen ersetzen.

# WARUM WIR HIER SIND

## AUS ZWEIEN EINS MACHEN

> ES STIRBT NUR DAS ICH, DAS UNS TRENNT,
> NICHT DIE LIEBE, DIE UNS VERBINDET.

Haben Sie ein Hobby? Irgendetwas, was Sie sehr gerne tun? Einfach so, weil es Ihnen Spaß macht? Ich habe gleich drei solche Hobbies: Philosophieren, Natur erleben und Klavier spielen. Ein Produkt meines ersten Hobbies halten Sie gerade in Händen; ich liebe es, über die unzähligen Facetten von Leben nachzudenken und meine Gedanken aufzuschreiben. Die Natur zieht mich mit ihrer bunten Vielfalt an Lebensformen, Landschaften und Himmelserscheinungen in ihren Bann; ich liebe es, Naturschauspiele zu beobachten und mit einer Videokamera festzuhalten. Und die Musik? Für mich ist sie wie ein Hafen; ich liebe es, in eine Fuge von Bach oder ein Impromptu von Chopin zu versinken und mich von den Harmonien tragen zu lassen.

Sobald ich jemanden oder etwas intensiv liebe, geschieht etwas ganz Besonderes mit dem, was ich liebe, und mir: Wir werden ein Ganzes. »Lieben« ist der Prozess, **der aus zwei eins macht.**[157] Dieser Prozess stellt keine Bedingungen. Wer für seine Liebe eine Gegenleistung erwartet, liebt nicht, sondern plant. Die Liebe kommt von Herzen. Sie nimmt nie, sondern sie gibt – ohne um etwas zu bitten. Liebe endet nie. Würde sie irgendwann eine Erwartung nicht mehr erfüllen, wäre sie an eine Bedingung geknüpft gewesen!

*Aus zweien eins machen*

> Ich liebe dich.
> Nicht, weil du gut aussiehst.
> Nicht, weil du so viel weißt.
> Nicht, weil du anders bist.
> Nicht, damit du mich liebst.
> Ich liebe dich, wie du bist.
> Einfach so.[158]

Dieses Gedicht beschreibt die Liebe zu meiner Frau genauso wie die Liebe zu unseren beiden Söhnen. Es steht aber auch für meine Liebe zur Philosophie, zur Natur und zur Musik. Ich liebe die Natur, wie sie ist; ich erwarte nicht, dass sie mir dafür etwas gibt. Ich liebe auch Gospelmusik, wie sie ist; es spielt keine Rolle, aus welchem Land der Chor kommt und welche Hautfarbe er hat.

Lieben ist ein Prozess, der sich nicht nur zwischen zwei Menschen abspielt. Wie ein unsichtbares Band zieht er sich durch sämtliche materiellen Erscheinungsformen der Natur. Auf der ersten, tiefsten Ebene vermuten wir die Existenz der Quarks. Sie bilden auf der zweiten Ebene die Kernbausteine (Protonen und Neutronen), die sich zusammen mit Elektronen auf einer dritten Ebene zu Atomen zusammenschließen. Auf der vierten Ebene verbinden sich Atome zu Molekülen und auf einer fünften Ebene Moleküle zu Zellen. Die sechste Ebene ist die äußere Erscheinungsform komplexer Lebewesen wie uns Menschen.

Solange wir uns den Kosmos aus diesen sechs materiellen Ebenen aufgebaut denken, sind wir geneigt, der wirkenden Kraft auf jeder Ebene einen anderen Namen zu geben. Auf Ebene 2 sprechen wir Physiker*innen von *starker Kraft*, auf Ebene 3 von *elektromagnetischer Kraft*. Auf Ebene 4 sprechen die Chemiker*innen von *kovalenten Bindungen,* die Biolog*innen auf Ebene 5 von *Zelladhäsion*. Sobald wir aber den Kosmos als ein großes Ganzes begreifen, zeigt sich auf allen Ebenen derselbe Prozess: Aus zweien wird eins.

Wer sich achtsam in der Natur umschaut, findet nahezu überall die Bereitschaft, sich zu einem Ganzen zu verbinden. Eine Erklärung dafür hatte schon der griechische Philosoph Aristoteles: »Das Ganze ist stets mehr als die Summe seiner Teile.«[159] Viele Beispiele geben ihm recht: Ein DNA-Molekül kann Erbinformationen speichern, ein Atom kann es nicht. Eine Zelle kann kommunizieren, ein Molekül kann es nicht. Ein Mensch kann denken, eine Zelle kann es nicht. Woher »wissen« die Atome, Moleküle und Zellen, dass es vorteilhaft ist, sich zu einem Ganzen zu verbinden?

So viel Teamwork kann nur ein fundamentaler Prozess zustande bringen – ich nenne ihn »Lieben«. Dass wir normalerweise nur auf Ebene 6 von »Lieben« sprechen, zeigt, wie schwer uns ein Blick auf das Ganze fällt. Doch je länger ich darüber nachdenke, umso stärker wächst die Gewissheit in mir, *dass Lieben jener Urprozess ist, der alles im Kosmos antreibt.* Indem er auf jeder Ebene der Natur wirkt und aus zweien ein Ganzes macht, das mehr ist als die Summe seiner Teile, erschafft er stets einen Mehrwert. Damit verfolgt dieser Urprozess ein Ziel, das wir durchaus »göttlich« nennen dürfen: stets etwas mehr aus dem machen, was ist.

## SICH BEWUSST WERDEN

In den letzten Jahren ist eine Einsicht in mir gereift, die ich gerne mit Ihnen teilen möchte: Je intensiver ich etwas liebe, umso bekannter wird es mir – ich beginne, es zu verstehen. *Aus Lieben erwächst Verstehen.* Das gilt aber auch umgekehrt: Je besser ich etwas verstehe, umso vertrauter wird es mir – ich beginne, es zu lieben. *Aus Verstehen erwächst Lieben.* Also gehen Lieben und Verstehen Hand in Hand.

Lassen Sie uns nun Beispiele für etwas suchen, was wir verstehen können. Beginnen möchte ich mit einem einfachen Beispiel aus der Mathematik: Kann es eine allergrößte Zahl geben? Um zu verstehen, dass so eine Zahl nicht existieren kann, wollen wir zunächst annehmen, dass n die allergrößte Zahl sei. Dann wäre n+1 aber eine noch größere Zahl. Damit haben wir bewiesen, dass unsere Annahme, n sei bereits die allergrößte Zahl, zu einem Widerspruch führt und folglich falsch sein muss. Jetzt verstehen wir, weshalb es keine allergrößte Zahl geben kann.

Mein zweites Beispiel ist deutlich konkreter: Wie funktioniert eine Taschenlampe? Um das zu verstehen, öffnen wir einfach das Gehäuse und schauen in sie hinein (Abbildung 29). Wir finden unter anderem Batterien, einen Schalter und eine Glühbirne. Wenn wir den Schalter schließen, fließt von den Batterien ein Strom durch die Glühbirne und bringt sie zum Leuchten. Wenn wir den Schalter wieder öffnen, ist der Stromkreis unterbrochen und die Glühbirne erlischt. Um zu verstehen, wie eine Taschenlampe funktioniert, können wir sie gründlich untersuchen. Das ist – etwas vereinfacht – die Vorgehensweise der Naturwissenschaften.

*Warum wir hier sind*

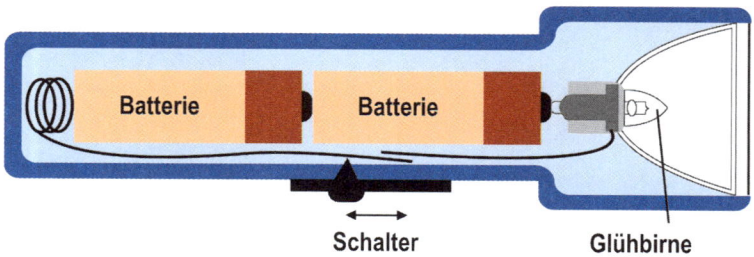

Abb. 29: Aufbau einer Taschenlampe

Nicht immer können wir das in die Hand nehmen, was wir verstehen wollen. Unser drittes Beispiel ist eine Sonnenfinsternis. Weshalb kann sie nur bei Neumond zustande kommen? Um das zu verstehen, schauen wir uns Abbildung 30 an. Wenn sich der Mond auf der Verbindungslinie von Erde und Sonne befindet, fällt sein Schatten auf die Erde. Dort, wo sein Schatten hinfällt, wird es dunkler. Die Skizze zeigt auch, dass diese Konstellation nur bei Neumond möglich ist: Ein Halbmond oder Vollmond kann sich gar nicht zwischen Erde und Sonne befinden. In diesem Beispiel hilft uns also eine Skizze, um etwas zu verstehen.

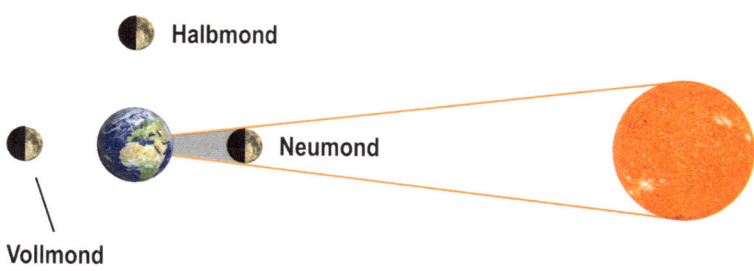

Abb. 30: Zustandekommen einer Sonnenfinsternis

*Sich bewusst werden*

Vielleicht fragen Sie sich nun, wie aus dem Verstehen eines mathematischen Beweises, einer Taschenlampe oder einer Sonnenfinsternis so etwas wie Lieben erwachsen kann. Nun, fragen Sie doch mal Mathematiker*innen, was sie für einen eleganten Beweis empfinden!

Verstehen ist natürlich nicht auf die Mathematik und die Naturwissenschaften beschränkt. Es gibt auch vieles andere, was sich verstehen lässt – insbesondere Gefühle und Reaktionen im zwischenmenschlichen Bereich. Wie fühlt sich mein Gegenüber gerade? Warum reagiert es so und nicht anders? Warum fährt das Auto vor mir nicht los, obwohl die Ampel auf »Grün« gesprungen ist?

Ich kann auch versuchen, globale Zusammenhänge und die Bedürfnisse meiner Mitmenschen zu verstehen. Warum wollen viele Menschen nach Europa und nach Nordamerika einwandern? Was mag wohl ein Flüchtling empfinden, der aus Angst vor Gewalt in unser Land kommt?

Um nun den Begriff »Verstehen« definieren zu können, müssen wir herausfinden, was das Gemeinsame an den genannten Beispielen ist. Was geschieht beim mathematischen Beweis, beim Öffnen einer Taschenlampe, beim Anfertigen einer Skizze und beim Mitfühlen mit anderen? Bitte nehmen Sie sich ein paar Minuten Zeit, um in Ruhe darüber nachzudenken – und lesen Sie erst danach weiter!

*Warum wir hier sind*

Ich will ehrlich zu Ihnen sein. Für meine Definition habe ich nicht ein paar Minuten, sondern mehrere Stunden investiert. Hier ist sie: »Verstehen« ist der Prozess, **der etwas bewusst werden lässt.** Das Bewusstwerden geschieht durch das Einnehmen einer anderen Perspektive. Bei unserem mathematischen Beweis war diese andere Perspektive die Annahme, es gäbe eine allergrößte Zahl n. Bei der Taschenlampe hat uns das Öffnen des Gehäuses eine andere Perspektive beschert. Eine Skizze ließ uns die Sonnenfinsternis aus großer Entfernung betrachten. Und ein Mitfühlen mit anderen wird möglich, wenn wir uns in deren Perspektiven versetzen.

Heute bin ich mir sicher: *Lieben und Verstehen sind die wertvollsten Prozesse, die es im Kosmos gibt.* Deshalb stehe ich dem Christentum und dem Buddhismus besonders nahe: In dem einen steht Lieben im Mittelpunkt – im anderen Verstehen. In vielen Sprachen sind »Liebe und Verständnis« *(»love and understanding«)* eine feste Redensart. Wem es leichtfällt zu lieben, darf über den Prozess des Liebens lernen zu verstehen. Wem es leichtfällt zu verstehen, darf über den Prozess des Verstehens lernen zu lieben. **Lieben und Verstehen** sind die »Sinnprozesse im Leben«. Da Leben Sinn ist und keinen Sinn hat, spreche ich vom »Sinn im Leben« und nicht mehr vom »Sinn des Lebens«. Leben ist keine Reise zu einem Ziel. Es geht im Leben nicht darum, etwas zu erreichen. Wieder zeigt sich, wie überlegen eine Verbsprache ist. Leben ist wie Tanzen: *Es zählt nicht der Schlussakkord, sondern das Tanzen im Hier und Jetzt.* Sobald mir auch das bewusst wird, kann ich das Vergangene leichter loslassen und verliere die Angst vor dem Zukünftigen und dem Tod.

## VERGESSEN SIE NICHT ZU DANKEN!

Noch ist das Buch nicht zu Ende. Im Gegenteil – es knistert gerade vor Spannung: Wir haben eben die wertvollsten Prozesse im Kosmos kennengelernt, wissen aber noch nicht, wie wir davon profitieren können. Im Fernsehen werden solche Spannungsmomente für Werbung genutzt. Doch ich möchte Ihnen nichts verkaufen. Vielmehr nutze ich den Moment für eine Botschaft, für die Sie mir vielleicht noch dankbar sein werden: Vergessen Sie nicht zu danken! Jeden Morgen bedanke ich mich für das Aufwachen. Meinen Eltern habe ich für alles gedankt, was sie für mich getan haben.

Nun bedanke ich mich mitten im Buch und mache damit diesen Moment unvergesslich. Zuerst danke ich Ihnen, dass Sie mir bis zu dieser Seite treu geblieben sind. Ich hoffe, dass ich Ihre Auffassung von Leben und Tod ein wenig aufhellen konnte. Ich danke meiner Familie, dass sie mir die Zeit geschenkt hat, ein neues Buch zu schreiben. Ein Dankeschön an Jay, Stefanie und Jim, dass ihr euren Heilungsprozess mit uns geteilt habt. Und dem gesamten Verlagsteam sei Dank für die kunstvolle Realisierung dieses Werkes.

## VORZÜGE DES NEUEN WELTBILDES

Wir sind jetzt in der Position, etwas ganz Großes zu denken. Informieren und Wirken bezeichnete ich als »Elementarprozesse im Leben«. Im Kapitel über Krebszellen kamen Fühlen und Lernen als »Optimierungsprozesse im Leben« hinzu. Im Grunde antworten sie auf das Informieren und Wirken: Wir nehmen Informationen und Wirkungen wahr (= fühlen) und verarbeiten beides (= lernen). Und nun begreifen wir Lieben und Verstehen als die »Sinnprozesse im Leben«, also als das Wertvollste, was sich fühlen und lernen lässt (Tabelle 6).

| Prozesse | Prozesstyp |
|---|---|
| Informieren und Wirken | Elementarprozesse |
| Fühlen und Lernen | Optimierungsprozesse |
| Lieben und Verstehen | Sinnprozesse |

*Tab. 6: So geht leben!*

Tabelle 6 ist eine Art »Steckbrief« für das Leben. Sie enthält weder biologische Arten noch Gattungen, aber sie erklärt in sechs unmissverständlichen Verben, was das Leben ist und worum es im Leben geht. Die Tabelle zeigt uns das prozessorientierte Weltbild in seiner kompakten Form. Falls jemand einen Film über das Leben drehen wollte, müssten die sechs genannten Verben im Mittelpunkt stehen.

Wie geht es Ihnen jetzt, wenn Sie die sechs Verben lesen? Eines weiß ich: *Sechs Substantive sind nicht mal ansatzweise in der Lage, das Leben so treffend zu charakterisieren.* Den Grund kennen wir bereits seit dem ersten Kapitel: Ein Substantiv kann den vielen verschiedenen Phasen eines Prozesses nicht gerecht werden. Was mir noch bleibt, ist, sämtliche Vorzüge des prozessorientierten Weltbildes zu benennen. Sie lassen sich in drei Kategorien aufteilen: 1) Erde, 2) ich, 3) Menschheit. Hier verwende ich Substantive, weil ich etwas bewegen will und Substantive für uns vertrauter sind.

**1) Erde:** Ich beginne mit unserem »Raumschiff«, weil ich fest davon überzeugt bin, dass wir nach zwei Jahrhunderten von Industrialisierung und Raubbau an Mutter Natur unserem Planeten ordentlich was schuldig sind. Wie ich im Vorwort schrieb, ist der Schaden bereits vom Weltraum aus sichtbar. Der deutsche Astronaut Alexander Gerst sagt dazu in einem Interview: »Man sieht Hunderte Brände in Afrika, und dass der Amazonas abgeholzt wird ... Wir gehen nicht sehr achtsam mit unserer Heimat um ... Die Erde wird diese Zerstörung größtenteils abschütteln. Nur uns wird es dann nicht mehr geben.«[160] Möge dieses Buch dazu beitragen, dass wir die Erde nicht länger als Selbstbedienungsladen, sondern im Sinne Whiteheads als einen lebendigen Prozess begreifen. Es bedarf nur ein wenig Fantasie, um zu sehen, wie die Evolution des Lebens der Entwicklung eines Embryos gleicht.

**2) Ich:** Sich selbst als Prozess zu begreifen, wird sich insbesondere bei schweren Schicksalsschlägen und am Ende des Lebens als vorteilhaft erweisen. Wer plötzlich erfährt, dass er/sie oder ein Angehöriger schwer krank ist, oder wer einen geliebten Freund zu Grabe trägt, kann in unserem gängigen Weltbild kaum Trost finden. Alles Materielle ist vergänglich. Objekte – dazu zählen auch wir Menschen – entstehen und vergehen. Wie ich bereits ausgeführt habe, stellt das objektorientierte Weltbild die Vergänglichkeit in den Mittelpunkt. Licht speichert alles, was jemals im Kosmos geschieht. Das prozessorientierte Weltbild kann uns also motivieren, jeden Tag etwas Gutes zu tun. Und es schenkt uns den Trost, dass dieses Gute stets im Licht abrufbar sein wird – ein Gedanke, der wertvoller ist als jede menschengestiftete Religion.

**3) Menschheit:** Möglicherweise sind die Dinosaurier infolge eines Meteoriten oder Vulkanausbruchs ausgestorben.[161] Die größte Bedrohung für die Menschheit ist weder eine solche Naturkatastrophe noch eine Pandemie, sondern der Mensch selbst. Bevölkerungsexplosion, steigende Lebenserwartung und zunehmende Globalisierung führen dazu, dass verfügbarer Platz und verfügbare Ressourcen auf der Erde immer knapper werden. Als Konsequenzen daraus werden die Gier nach Macht und die Habgier zunehmen. Die entstehenden politischen und sozialen Konflikte werden sich wohl nur mit einem nicht-materialistischen Weltbild lösen lassen.

Der Charme des prozessorientierten Weltbildes wird offensichtlich, wenn wir nun beide Weltbilder gegenüberstellen.

Das objektorientierte Weltbild
- eignet sich gut zur Klassifikation von Lebewesen,
- löst aber nicht das Huhn-oder-Ei-Rätsel,
- führt zu einem egoistischen Bild vom Ich,
- verzettelt sich beim Phänomen »Verschränkung«,
- bietet keinen Platz für die Ewigkeit,
- lässt die Frage nach Gott offen.

Das prozessorientierte Weltbild löst auf elegante Art
- die Fragen, was Leben ist und worum es im Leben geht,
- das Huhn-oder-Ei-Rätsel,
- die Frage, wer oder was ich bin,
- das physikalische Phänomen »Verschränkung«,
- die Frage, was Ewigkeit ist,
- die Frage nach Gott inklusive der Theodizee.

## EIN POLITISCHES STATEMENT

Politisch bin ich bisher immer weitgehend neutral geblieben. Zwischenmenschliche und ökologische Konflikte sind heute aber dermaßen eskaliert, dass mein im Vorwort formuliertes Ziel nicht mehr ohne politisches Engagement erreichbar ist. Zur Erinnerung: Ich möchte ein Weltbild heranreifen lassen, das in sich schlüssig und mit allem im Einklang ist, was wir heute über das Leben und den Kosmos wissen. Dieses Weltbild besagt, dass unsere Welt auf Prozessen beruht und dass Lieben und Verstehen die wertvollsten Prozesse sind, die es im Kosmos gibt. Mit der *Allgemeinen Erklärung der Menschenrechte*[162] durch die Vereinten Nationen im Jahr 1948 hatte die Menschheit die Weichen für ein Lieben und Verstehen richtig gestellt. Diese Rechte werden aber nun wieder mit Füßen getreten: von populistischen Parteien, egoistischen Diktaturen und einem zügellosen Kapitalismus.

Es ist stets eine Gratwanderung, *Handlungsanweisungen* in Form von »du sollst« oder »du musst« zu geben, weil wir gerne selbst entscheiden wollen, was gut und was schlecht für uns ist. Doch es gibt ein Problem: In vielen Staaten ist die politische Macht zurzeit in den Händen weniger Menschen konzentriert, und diese Macht wird leider oft missbraucht. Es besteht somit ein hoher Anspruch an Politiker*innen. Sie sind dann geeignet, wenn sie: 1) bereit sind, sich in die Perspektiven aller Mitmenschen (auch Menschen anderer Nationen) und der Natur zu versetzen; 2) fähig sind, Missstände zu erkennen und zu beseitigen; 3) und so rechtschaffen sind, dass sie ihre politische Macht ausschließlich dafür einsetzen, diese Missstände zu beseitigen.

Wir erfahren jedoch täglich aus den Nachrichten, dass es heute viele Machthabende gibt, die mindestens eine der drei Eigenschaften nicht haben. Folglich *sollten wir* zukünftig nur solche Politiker*innen in machtvolle Ämter wählen, die mit dem eigenen Lebenslauf alle drei Eigenschaften nachweisen können. Und schon habe ich mit den Worten »sollten wir« meine erste Handlungsanweisung formuliert.

Leider gibt es nicht überall demokratische Rechtsstaaten, in denen wir frei wählen dürfen und in denen drei Gewalten (Regierung, Parlament, Justiz) an geltendes Recht gebunden sind. Erschwerend kommt hinzu, dass auch in Rechtsstaaten die Natur ausgebeutet, Menschen diskriminiert[163] und Wahlen angefochten[164] werden. Einzelpersonen sind nicht fähig, alle Auswirkungen ihrer Politik zu erkennen. Deshalb *sollten wir* stets darauf drängen, die Gewalten und die Verantwortung zu teilen (= meine zweite Handlungsanweisung). Sinnvoll wäre es auch, jedes Staatsoberhaupt als Doppelspitze zu besetzen. Vier Augen sehen mehr als zwei!

Wie kommt es denn, dass viele Politiker*innen die drei genannten Eigenschaften nicht haben? Ein Grund liegt auf der Hand: Haben wir jemals in der Schule gelernt, wodurch sich gute Führungskräfte auszeichnen? Dieses Thema *sollten wir* in alle Bildungspläne aufnehmen (= meine dritte Handlungsanweisung). Und *wir sollten* es in einem verbindlichen Unterrichtsfach Ethik lehren, das genauso viel zählt wie die Muttersprache und die Mathematik (= meine vierte Handlungsanweisung). Ethik, nicht Religion, ist objektiv und die gesunde Grundlage für ein friedliches Miteinander. Hut ab vor dem Dalai Lama, der mit dem Satz »Ethik ist wichtiger als Religion«[165] die eigene Machtgrundlage relativiert!

*Ein politisches Statement*

Jede Gemeinschaft ist so stark wie ihr schwächstes Glied. Wie stark sie ist, zeigt sich insbesondere in einer Krise, zum Beispiel während einer Pandemie. Es ist ein absolutes *No-Go*, ohne Rücksicht auf andere Mitglieder zu leben oder sich an deren Not zu bereichern. Das Recht auf Leben hat Vorrang vor dem Recht auf Freiheit und dem Recht auf Eigentum. Es muss während einer Pandemie möglich sein, Freiheiten zugunsten der Schwächeren einzuschränken und vorhandenes Vermögen so umzuverteilen, dass möglichst viele überleben. *Wir sollten* nie auf Kosten anderer oder der Natur nach Vorteilen streben (= meine fünfte Handlungsanweisung).

Noch ein letzter Punkt: Anweisungen sind sinnlos, wenn sie nicht umsetzbar sind. Also *sollten wir* uns politisch engagieren, um handlungsfähig zu sein oder zu werden (= meine sechste Handlungsanweisung). In Tabelle 7 sind alle Handlungsanweisungen zusammengefasst. Damit lässt sich langfristig eine Gemeinschaft aufbauen, in der wir liebend und verstehend leben können. Doch sie sind keine Garantie für ein glückliches Leben. Wie ich gleich erläutern werde, hat es jede*r selbst in der Hand, glücklich zu sein oder nicht.

| Nr. | Handlungsanweisung |
|---|---|
| 1 | nur gute Führungskräfte als Politiker*innen wählen |
| 2 | die Gewalten und die Verantwortung teilen |
| 3 | »gute Führungskräfte« in Bildungspläne aufnehmen |
| 4 | Ethik als verbindliches Unterrichtsfach einrichten |
| 5 | nie auf Kosten anderer nach Vorteilen streben |
| 6 | sich politisch engagieren |

*Tab. 7: Handlungsanweisungen für eine starke Gemeinschaft*

# WIE GEHT GLÜCKLICH?

In den ersten fünf Kapiteln habe ich ein Weltbild entworfen, das uns zum Lieben und Verstehen befähigt. Wie wir gleich sehen werden, hat Glücklich-Sein sehr viel mit Lieben und Verstehen zu tun. Zuvor erläutere ich aber noch den großen Unterschied zwischen *Glück-Haben* und *Glücklich-Sein*. Dafür gibt es im Englischen zwei verschiedene Begriffe: *lucky* und *happy*. Leider suggeriert die deutsche Sprache, dass beides miteinander zu tun habe, aber dem ist nicht so. Ich vermute, dass viele von uns nicht glücklich werden, weil sie Glück-Haben mit Glücklich-Sein verwechseln (Abbildung 31).

*Abb. 31: Lucky oder happy?*

Lassen Sie uns einige Beispiele finden, um den Unterschied von *lucky* und *happy* zu verdeutlichen: Wenn Sie einen Job haben, ein Haus haben, viele Freunde haben – dann sind Sie *lucky*. Wenn Sie mit dem, was Sie tun, zufrieden sind, überall zu Hause sind, stets unter Freunden sind – dann sind Sie *happy*. In allen Fällen beschreibt *lucky* etwas, was Sie haben, *happy* hingegen etwas, was Sie sind.

*Wie geht glücklich?*

Leider wird uns heute oft vermittelt, wie erstrebenswert *lucky* sei. TV-Shows wie *Wer wird Millionär?* und überzogene Lotto-Jackpots lassen immer mehr Menschen vom »großen Glück« träumen. Doch dieses Glück ist lediglich das Glück, das ich *haben* und ebenso wieder verlieren kann – es ist nicht das wahre Glück tief in meinem Herzen, das mich glücklich *sein* lässt. Nur das, was ich bin, kann mir niemand nehmen. Denn ich habe es nicht – ich bin es!

Nun sind Sie gut vorbereitet, die Antwort auf »Wie geht glücklich?« selbst herauszufinden. Einen wichtigen Hinweis habe ich noch für Sie: Beantworten Sie zuerst die Hilfsfrage »Kann man glücklich haben?« Und überlegen Sie dann, was Ihre Antwort für das Glücklich-Sein bedeutet. Dazu schließen Sie bitte das Buch ein letztes Mal!

Sie haben es sicher selbst herausgefunden: Glücklich kann man nicht haben, sondern nur sein. Wer glücklich sein will, sollte also nicht nach etwas streben, was man haben kann. Dazu zählt alles, was ich jetzt aufzähle: ein schöner Körper, schicke Klamotten, ein wertvolles Handy, ein gut bezahlter Job, Macht, ein*e attraktive*r Partner*in. Nichts davon kann mich glücklich machen, weil sich glücklich nicht haben lässt. Der Schlüssel zum Glücklich-Sein liegt in dem, was ich *bin*, und nicht in dem, was ich *habe*.

Folglich lautet die Anleitung zum Glücklich-Sein: *Ich bin glücklich, wenn ich das wertschätze, was ich bin, und nicht das, was ich habe.* Spätestens jetzt ist der Zeitpunkt gekommen, in sich zu gehen und über das eigene Weltbild nachzudenken. Wer ein materialistisches Weltbild hat, wird stets das Haben in den Mittelpunkt stellen und darum nie wirklich glücklich sein. Wer jedoch alles Leben als einen gigantischen Prozess begreift und sich selbst als ein Erfahrend (genauer: ein Miterfahrend, also ein Mitfühlend und Mitlernend = *ein Liebend und Verstehend*), hat es leicht, glücklich zu sein. Nach unserer Anleitung muss er/sie nur wertschätzen, was er/sie ist.

> *Wertschätze es, zu lieben und zu verstehen,*
> *und du wirst glücklich sein!*

Und weil ich von innen heile, wenn ich glücklich bin, folgt:

> *Wertschätze es, zu lieben und zu verstehen,*
> *und du wirst von innen heilen!*

Eigentlich sind das zwei perfekte Schlussworte. Eine große Krux des prozessorientierten Weltbildes besteht aber darin, dass es auf Individualität verzichtet. Darum will ich es nicht versäumen, diesem Weltbild noch einen versöhnlichen Gedanken mit auf den Weg zu geben:

> *Wenn ich ein Liebend und Verstehend bin,*
> *dann bin ICH der wertvollste Prozess,*
> *den es im Kosmos gibt!*

Menschen sind wie Bäume mit zwei Beinen.
Sie leben in Symbiose: Bäume mit Pilzen –
Menschen mit Viren, Bakterien und Pilzen.
Alle Bäume beziehungsweise Menschen
sind zusammen ein lebendiger Prozess.
Den einen Prozess nennen wir »Wald«,
den anderen »Menschheit«. Die Summe
aller lebendigen Prozesse ist »Leben«.


Dieses Buch umfasst nur die Erfahrungen eines Lebens.
Wie unsagbar kostbar muss wohl das Buch sein,
das die Erfahrungen allen Lebens umfasst?

Ich bin, was ich tue.
Ein »Menschend« bin ich.
Ständig findet in meinem Körper
ein »Virend« und ein »Bakteriend« statt,
womöglich auch ein »Krebsend«.
Wie das »Huhnend« macht
alles zeitlebens mit
im »Gottend«.

# TALK MIT DEM AUTOR

*Herr Niemz, Sie haben einen Lehrstuhl für Medizintechnik an der ältesten Universität Deutschlands. Nun haben Sie ein neues Buch geschrieben. Wollen Sie es in wenigen Sätzen zusammenfassen?*

**Niemz:** Sehr gerne. Darin zeige ich auf, wie überlegen eine Verbsprache im Vergleich zu unserer Substantivsprache ist. Substantive haben zwei große Nachteile: Einerseits drücken sie keine Dynamik aus. Wenn wir von einem »Menschen« sprechen, gehen wir stillschweigend davon aus, dass es sich stets um dieselbe Person handelt. Aber ich verändere mich mit jeder Erfahrung, die ich mache. Selbst die Zellen meines Körpers erneuern sich alle paar Jahre, ohne dass ich es bemerke. Andererseits verknüpfen wir Substantive mit Adjektiven wie »gutartig« oder »bösartig«. Das führt dann leicht dazu, dass wir uns gegenseitig in Schubladen stecken. Somit sind es unsere Substantive, die leider auch Hass und Hetze fördern. Doch die Menschheit lässt sich nicht in »gutartige« und »bösartige« Menschen einteilen, weil es uns nur als eine Art gibt. Ich halte auch die schulmedizinische Einteilung in »gutartige Zellen« und »bösartige Zellen« (Krebszellen) für nicht zielführend, weil beides körpereigene Zellen sind. In meinem Buch schlage ich vor, von »gut agierend« und »böse agierend« zu sprechen. Hierin sind »gut« und »böse« keine Adjektive, sondern Adverbien. Diese drücken aus, dass sich Zellen oder Menschen gut oder böse zu anderen Lebewesen *verhalten* können, aber nicht von sich aus gut oder böse *sind*. Eine Verbsprache wertet nicht über Zellen und Menschen. Sie beschreibt und bewertet das, was geschieht.

*Das klingt sehr plausibel. Gibt es noch andere Beispiele, mit denen Sie die Vorzüge einer Verbsprache untermauern?*

**Niemz:** Ich beginne mit einem Beispiel, das uns alle zurzeit umtreibt. Viren sind keine Lebewesen, sondern kleine genetische Programme, deren einziges Ziel es ist zu informieren. Viren sind das Paradebeispiel dafür, dass die Welt auf Prozessen beruht. Auch Bakterien und Krebszellen sind solche Prozesse. Sie lassen sich unterbrechen, steuern und umprogrammieren. Darin liegen unsere Chancen, gegen sie vorzugehen. Unsere Immunabwehr macht genau das Tag für Tag. Im zweiten Teil meines Buches bringe ich noch viele andere Beispiele: Ich begreife nicht nur Hühner und Eier, sondern eben auch uns Menschen als Prozesse. Schon Darwin wusste, dass alles Leben ein gigantischer Prozess ist. Unsere Substantive verschleiern, dass sich das Leben entfaltet. Ich ziehe es vor, von »huhnend« und »menschend« zu sprechen. Und ich vermute, dass sogar Gott ein Prozess ist.

*Deshalb schöpfen Sie auch das neue Wort »gottend«. Aber lassen sich wirklich alle Substantive durch Verbformen ersetzen?*

**Niemz:** Letztendlich wird das gar nicht nötig sein. Es wäre bereits ein Riesenfortschritt, wenn wir uns bewusst machen, dass jedes Substantiv in Wirklichkeit für einen Prozess steht. Dann könnte uns etwas wirklich Großes gelingen, nämlich, dass wir nie mehr von »Ausländern« und »Andersartigen« sprechen, sondern auch die Menschheit als einen sich entfaltenden Prozess begreifen. Populismus und Rassismus sind Auswüchse unserer Substantivsprache.

*Naturwissenschaft, Geisteswissenschaft und Ethik gehen bei Ihnen Hand in Hand. Ist es Spiritualität, was diese drei verbindet?*

**Niemz:** Oh ja. Das haben Sie gerade sehr schön formuliert. In der Tat glaube ich, dass Spiritualität unser Weg sein wird, wenn es darum geht, Brücken zu bauen – Brücken zwischen Naturwissenschaft, Geisteswissenschaft und Ethik. Solche Brücken werden nötig sein, wenn wir in Zukunft friedlich miteinander leben wollen. Die Vergangenheit lehrt uns, dass keine der drei genannten Disziplinen allein in der Lage ist, eine friedliche Welt hervorzubringen. Denn dazu braucht es ein Weltbild, das erstens auf Fakten und nicht auf *fake news* beruht, zweitens unserem Leben einen Sinn gibt, und drittens eine objektive Gerechtigkeit beinhaltet. Für die Fakten garantieren die Naturwissenschaften. Den Sinn steuern die Geisteswissenschaften bei. Und eine objektive Gerechtigkeit in Form von Verantwortungsbewusstsein vermittelt uns die Ethik. Meine Bücher geben Impulse, wie wir dieses Weltbild reifen lassen können. Die Impulse sind spiritueller Natur.

*Was verstehen Sie unter Spiritualität, Herr Niemz?*

**Niemz:** Ich begreife Spiritualität als das geistige Erleben von Zusammenhängen. Damit grenzt sie sich vom körperlichen Wahrnehmen und vom geistigen Denken ab. Folglich wäre es wohl auch hier besser, Spiritualität als ein Verb zu begreifen. Spiritualität lässt sich nicht vermitteln, in Worte fassen oder in ein Buch schreiben. Spiritualität will gelebt, will erfahren werden. Das ist ihr wahres Geheimnis, und deshalb hat sie es so schwer, sich gegen neumodische Strömungen wie die »Esoterik«, die wie eine Ware vermarktet wird, zu behaupten. Wenn jemand etwas Spirituelles erleben möchte, dann kann ich ihm oder ihr nur Impulse dazu geben. Erlebnisse und Erfahrungen lassen sich nicht kaufen oder lehren. Man muss sie machen – selbst machen. Die Impulse in meinen Büchern bestehen darin, dass ich Leserinnen und Leser immer wieder zu kleinen Experimenten auffordere oder sie zu einem Gedankenexperiment einlade oder sie einfach nur bitte, das Buch zu schließen, um über eine Frage zu meditieren. In jedes meiner Bücher habe ich viele solcher Impulse eingebaut, weil wir Zusammenhänge immer erst dann wirklich verstehen, wenn wir sie selbst erfahren.

*Mitunter wird Ihnen vorgehalten, dass Sie manche Sachverhalte stark vereinfachen. Wie reagieren Sie darauf?*

**Niemz:** Gelassen, denn letztendlich ist jeder seines Glückes Schmied. Wenn ich einen Sachverhalt vereinfacht darstelle, dann nur, um ihn für alle Leser*innen zu veranschaulichen. Menschen allen Alters schreiben mir, dass meine Texte eher anspruchsvoll seien, aber dass die zahlreichen Farbillustrationen das Verständnis sehr erleichtern. Insbesondere meine Auffassung eines sich ebenfalls entfaltenden Gottes wird oft als gewöhnungsbedürftig bezeichnet. Doch im Grunde entdecke ich eine alte, mystische Tradition wieder. Ich begreife Gott als schöpfend, geschöpft und lebend, was eins zu eins der christlichen Dreifaltigkeit entspricht: Gott ist Vater, Sohn und Heiliger Geist. Von Vereinfachung kann hier keine Rede sein. Im Gegenteil – meines Erachtens ist die Lehre vom reinen Schöpfergott eine zu starke Vereinfachung.

*Wie kommt es, dass sich Ihre Bücher ein wenig überschneiden und dass Sie heute manchmal andere Schlüsse ziehen als früher?*

**Niemz:** Ich bin Ihnen sehr dankbar für diese Frage. Schauen Sie – ich bin ein Mensch, und jeder Mensch lernt im Verlauf seines Lebens hinzu. Jedes meiner Bücher ist wie ein Spiegel meiner selbst. Denn es kann nur das Weltbild wiedergeben, das ich in den Monaten des Schreibens hatte. Meine Bücher erheben nicht den Anspruch, für immer gültig zu sein. Ich stelle keine Dogmen auf, sondern fordere meine Leserinnen und Leser stets explizit auf, das Gelesene gründlich zu hinterfragen. Davon nehme ich mich selbst nicht aus. Mit jedem neuen Buch hinterfrage auch ich, ob ich das alles noch guten Gewissens behaupten kann, was ich schreibe. Manches wird dann im neuen Buch wieder auftauchen, anderes nicht. In meinem Debüt *Lucy mit c* hatte ich noch an ein Leben nach dem Tod geglaubt. Heute sehe ich das anders. Wozu habe ich einen Körper, wenn ich auch ohne ihn existieren könnte? Wenn Nahtoderfahrene von einer Begegnung mit Verstorbenen berichten, habe ich eine einfache Erklärung dafür: Im Licht ist das Leben von Verstorbenen gespeichert. Wer dem Tod nahe kommt und dabei auf den Lichtspeicher zugreifen kann, mag das als Begegnung mit Verstorbenen interpretieren, aber es ist ein Blick auf deren Leben. Ich glaube an die Ewigkeit im Licht, die alles umfasst, was jemals geschieht.

*Danke, lieber Herr Niemz, für dieses anregende Gespräch.*

Webseite des Autors: **https://www.markolfniemz.de**
Kontaktadresse: **markolf.niemz@lucys-kinder.de**

# ALLE KERNTHESEN AUF EINEN BLICK

*Ein Substantiv kann den vielen verschiedenen Phasen eines Prozesses nicht gerecht werden. (Seite 31)*

*Auf dem Zusammenspiel von Informieren und Wirken beruht das Leben – die größte Erfolgsstory aller Zeiten. (Seite 46)*

*Ich heile von innen, wenn ich glücklich bin. (Seite 61)*

*Alles wechselwirkt kontinuierlich mit seinem Umfeld, und genau deshalb sind Verben angemessener als Substantive, um die Wirklichkeit zu beschreiben. (Seite 87)*

*Ein Gott, der Zugriff auf den Lichtspeicher hat, liebt uns alle und weiß alles. (Seite 126)*

*Wertschätze es, zu lieben und zu verstehen, und du wirst glücklich sein! (Seite 164)*

# ALLE DEFINITIONEN AUF EINEN BLICK

»Viren« sind infektiöse, organische Strukturen. (Seite 19)

»Bakterien« sind einzellige Mikroorganismen ohne Zellkern. (Seite 34)

»Krebszellen« sind bösartige Zellen. (Seite 51)

»Innere Heilung« ist der Prozess, der in meinem Körper abläuft, wenn ich glücklich bin. (Seite 61)

Ein »Prozess« ist die zeitliche Abfolge von Ereignissen. (Seite 75)

Ein »Ereignis« ist etwas, was an einem bestimmten Ort zu einer bestimmten Zeit geschieht. (Seite 75)

Ein »rekursiver Prozess« ist ein Prozess, der mit verschiedenen Anfangsbedingungen mehrfach durchlaufen wird. (Seite 78)

Ein »nicht-rekursiver Prozess« ist ein Prozess, der bloß ein einziges Mal durchlaufen wird. (Seite 79)

»Spontan« ist alles, was aus sich heraus geschieht. (Seite 106)

Eine »Nahtoderfahrung« ist ein Phänomen, das auftreten kann, wenn jemand dem Tod sehr nahe kommt und sich nach erfolgreicher Reanimation noch an das zuvor Erlebte erinnert. (Seite 111)

»Ewigkeit« ist das Sein im Licht. (Seite 126)

»Ewig« ist im Licht seiend. (Seite 127)

»Lieben« ist der Prozess, der aus zweien eins macht. (Seite 148)

»Verstehen« ist der Prozess, der etwas bewusst werden lässt. (Seite 154)

Informieren und Wirken sind die »Elementarprozesse im Leben«. (Seite 46)

Fühlen und Lernen sind die »Optimierungsprozesse im Leben«. (Seite 62)

Lieben und Verstehen sind die »Sinnprozesse im Leben«. (Seite 154)

# ALLE WORTSCHÖPFUNGEN AUF EINEN BLICK

»Virend« steht für informierend. (Seite 30)

»Bakteriend« steht für wirkend. (Seite 46)

»Krebsend« steht für fehlerhaffft kommunizierend. (Seite 54)

»Huhnend« steht für die Evolutionsphase *Huhn*. (Seite 85)

»Menschend« steht für die Evolutionsphase *Mensch*. (Seite 85)

»Ichend« steht insbesondere für erfahrend. (Seite 134)

»Gottend« steht insbesondere für schöpfend, geschöpft, lebend. (Seite 144)

# STIFTUNG LUCYS KINDER

> VERSETZT EUCH IN EURE MITMENSCHEN.
> SEHT DIE WELT AUS DEREN AUGEN.[166]
> *BARACK OBAMA*

Gemeinnützige Stiftungen sind ein unbürokratischer Weg, Projekte zu fördern, die der Gemeinschaft zugutekommen. Liebe und Wissen weitergeben kann nur der, dem sie selbst zuteilwurden. Die Bereitschaft, sich für andere einzusetzen, muss im jungen Alter angelegt werden – in den Schulen! Die *Stiftung Lucys Kinder* möchte auch armen Kindern Zugang zu Liebe und Wissen ermöglichen: Liebe durch Zuneigung, Wissen durch Bildung. Kinder, die so aufwachsen, werden jeden noch so kleinen Stiftungsbeitrag vervielfachen.

*Abb. 32: Eine Nachtschule für Kinder in Indien*

*Abb. 33: Wissen durch Bildung*

Ganzheitlich denken ist gut – aber ganzheitlich handeln ist besser! Ich betrachte es als die größte Herausforderung der Menschheit, weltweit Schulen zu errichten, die eine umfassende Allgemeinbildung garantieren. »Allgemein« bedeutet, dass der Unterricht nicht ideologisch gefärbt sein darf, sondern alle politischen und religiösen Überzeugungen objektiv miteinander vergleicht. Um diesem hohen Anspruch gerecht zu werden, müssen staatliche Schulträger auf jede politische Doktrin und kirchliche Schulträger auf jede Missionsarbeit verzichten. Nur so kann die junge Generation selbst erkennen, wie wertvoll Demokratie und Religionsfreiheit tatsächlich sind. Und nur so wird es uns gelingen, den Hass in der Welt abzubauen und das Gemeinschaftsgefühl zu stärken. Bildung sollte stets den Weg zur eigenen Erfahrung zeigen. Darum biete ich in meinen Büchern auch *keine* neue Religion an, sondern ermuntere Sie, Ihr eigenes Weltbild nach Ungereimtheiten zu durchforsten.

Im Mai 2007 habe ich die *Stiftung Lucys Kinder* ins Leben gerufen und sie mit einem Grundkapital von 100 000 Euro ausgestattet, dem Honorar aus meinen Lucy-Büchern. Dank Ihrer großzügigen Spendenbereitschaft und der Zinserträge konnten bis Frühjahr 2021 bereits über 135 000 Euro für zwei ausgewählte Förderprojekte bereitgestellt werden: den Aufbau einer Schule für notleidende Kinder im Jhabua-Distrikt in Zentralindien und seit 2013 die Finanzierung von Nachtschulen im Bundesstaat Rajasthan für Kinder, die tagsüber keine reguläre Schule besuchen können. Die Kinder lernen freiwillig an sechs Abenden pro Woche von 18 bis 21 Uhr (im Sommer von 19 bis 22 Uhr). Unter den Kindern sind viele Mädchen. Sie lernen lesen, rechnen, schreiben und den Umgang mit Alltagssituationen: Warum ist sauberes Trinkwasser so wichtig? Wie funktionieren Bank und Post? Wie pflegt und züchtet man Nutztiere? Die Schulkinder werden regelmäßig medizinisch betreut und nach jedem Unterricht bis nach Hause begleitet.

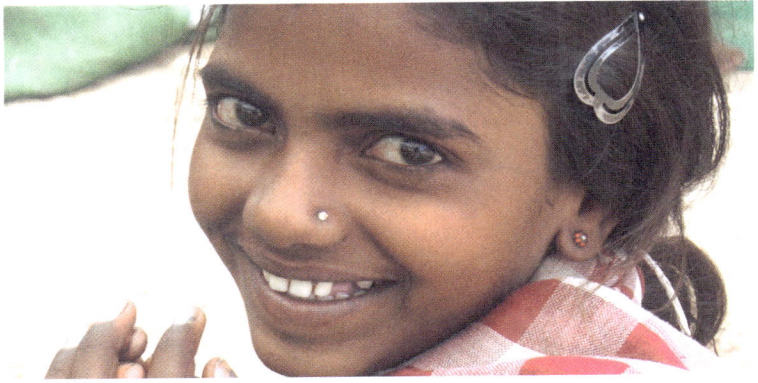

*Abb. 34: Liebe durch Zuneigung*

Unterrichtet werden die Fächer Sozialkunde, Naturwissenschaften, Mathematik, Hindi und Englisch. Das Wissen der Kinder wird monatlich überprüft. Zusätzliche Kursangebote bereiten dann den Wechsel auf staatliche Schulen vor. Eine Besonderheit ist die Einrichtung eines *Kinderparlaments,* das alle zwei bis drei Jahre neu gewählt wird. Dieses Parlament fördert das Demokratieverständnis der Kinder und übernimmt eine wichtige Aufgabe: Zusammen mit einem Komitee aus Dorfbewohnern führt es in regelmäßigen Abständen ein Qualitätsmanagement der Schule durch.

*Abb. 35: Das Kinderparlament*

Meine *Stiftung Lucys Kinder* investiert in ein liebenswertes Leben und in die Ausbildung der Kinder: Gesundes Essen wird gekauft, saubere Sanitäranlagen und ein Regenwassertank wurden gebaut, viel Unterrichtsmaterial und sogar ein eigener Schulbus wurden finanziert. Hunderte von leuchtenden Kinderaugen sagen: »Danke!«

*Abb. 36: Förderung, die zu 100 Prozent ankommt*

An dieser Stelle möchte ich mich ganz herzlich bei Dagmar von Tschurtschenthaler bedanken. Sie setzt sich persönlich für den Erfolg der Nachtschulen in Rajasthan ein, ist regelmäßig vor Ort und hat freundlicherweise die Farbfotos zur Verfügung gestellt. Das Projekt hat dieselben Ziele, die ich auch mit meinen Büchern verfolge: Liebe und Wissen in der Welt vermehren, ohne politisch oder religiös überzeugen zu wollen. Die *Stiftung Lucys Kinder* ist beim Finanzamt München als gemeinnützig und mildtätig anerkannt.

| | |
|---|---|
| Spendenkonto: | Stiftung Lucys Kinder |
| **IBAN:** | **DE41 7002 0500 3751 4401 44** |
| Bank: | Bank für Sozialwirtschaft, München |
| **BIC:** | **BFSWDE33MUE** |

Spenden ist auch *online* möglich:
**https://www.lucys-kinder.de**

# ANMERKUNGEN

1 Niemz MH: *Ichwahn*. Ludwig, München 2017.
2 https://www.ksta.de/panorama/interview-mit-alexander-gerst-jeder-sollte-die-erde-von-oben-sehen--3482516 [01.03.2021]
3 Whitehead AN: *Process and Reality* (corrected edition). Free Press, New York 1979, p. xi.
4 https://www.mdr.de/brisant/natur-erobert-stillgelegte-staedte-zurueck-100.html [01.03.2021]
5 https://www.faz.net/aktuell/gesellschaft/tiere/leere-staedte-zu-corona-zeiten-die-wildtiere-sind-los-16722609.html [01.03.2021]
6 https://www.faz.net/aktuell/gesellschaft/corona-pandemie-rehe-laufen-durch-menschenleere-strassen-in-paris-16722940.html [01.03.2021]
7 https://www.focus.de/gesundheit/news/luftqualitaet-satellitenaufnahmen-zeigen-auch-in-europa-rueckgang-der-emissionen_id_11810785.html [01.03.2021]
8 Diesen Satz habe ich am 01.03.2021 geschrieben.
9 Die Größenordnungen entsprechen dem Stand vom 18.04.2021.
10 https://www.theguardian.com/us-news/2020/mar/22/trump-coronavirus-election-november-2020 [01.03.2021]
11 https://www.youtube.com/watch?v=kGLI3e6jFNg [01.03.2021]
12 *Microbiology by Numbers*. Nature Reviews Microbiology 9, 2011, p. 628.
13 Mahy WJ, van Regenmortel MHV (editors): *Desk Encyclopedia of General Virology*. Academic Press, New York 2009, p. 24.
14 https://neurohacker.com/epigenetics-and-evolution-bettering-yourself-and-humanity-with-dr-bruce-h-lipton [01.03.2021]
15 Wildschutte JH et al.: *Discovery of Unfixed Endogenous Retrovirus Insertions in Diverse Human Populations*. Proceedings of the National Academy of Sciences of the United States of America 113, 2016, E2326.
16 Rolle M, Mayr A: *Medizinische Mikrobiologie, Infektions- und Seuchenlehre*. MVS Medizinverlage, Stuttgart 2006, p. 60.
17 https://www.nobelprize.org/prizes/chemistry/2014/summary/ [01.03.2021]
18 Chojnacki J et al.: *Envelope Glycoprotein Mobility on HIV-1 Particles Depends on the Virus Maturation State*. Nature Communications 8, 2017, p. 545.

19  Johnson L et al.: *Characterization of Vaccinia Virus Particles Using Microscale Silicon Cantilever Resonators and Atomic Force Microscopy.* Sensors and Actuators B 115, 2006, p. 189.
20  Watson J, Crick F: *Molecular Structure of Nucleic Acids: A Structure for Deoxyribose Nucleic Acid.* Nature 171, 1953, pp. 737-738.
21  https://www.rki.de/SharedDocs/FAQ/NCOV2019/FAQ_Ansteckung.html [01.03.2021]
22  Chaudhuri S, Symons JA, Deval J: *Innovation and Trends in the Development and Approval of Antiviral Medicines: 1987–2017 and Beyond.* Antiviral Research 155, 2018, pp. 76-88.
23  https://www.rki.de/DE/Content/Infekt/Impfen/Bedeutung/Schutzimpfungen_20_Einwaende.html [01.03.2021]
24  Computerviren lassen sich auch in einem Lichtstrahl übertragen.
25  Niemz MH: *Die Welt mit anderen Augen sehen.* Gütersloher Verlagshaus, Gütersloh 2020, pp. 10-11.
26  https://integrales-coaching.de/sites/geistundmaterie.html [01.03.2021]
27  Whitman WB, Coleman DC, Wiebe WJ: *Prokaryotes: The Unseen Majority.* Proceedings of the National Academy of Sciences of the United States of America 95, 1998, pp. 6578-6583.
28  Parte AC: *LPSN – List of Prokaryotic Names With Standing in Nomenclature.* Nucleic Acids Research 42, 2014, D613-D616.
29  https://www.catalogueoflife.org/annual-checklist/2018/info/ac [01.03.2021]
30  Larsen BB et al.: *Inordinate Fondness Multiplied and Redistributed.* Quarterly Review of Biology 92, 2017, pp. 229-265.
31  siehe Anmerkung 26.
32  https://www.sciencedirect.com/science/article/pii/B978012802234400001X [01.03.2021]
33  Sender R, Fuchs S, Milo R: *Revised Estimates for the Number of Human and Bacteria Cells in the Body.* PLoS Biology 14, 2016, e1002533.
34  https://www.mpg.de/355405/forschungsSchwerpunkt [01.03.2021]
35  Kilcher S, Loessner MJ: *Engineering Bacteriophages as Versatile Biologics.* Trends in Microbiology 27, 2019, pp. 355-367.
36  Fabiani FD et al.: *A Flagellum-Specific Chaperone Facilitates Assembly of the Core Type III Export Apparatus of the Bacterial Flagellum.* PLoS Biology 15, 2017, e2002267.
37  Kirch W (editor): *Encyclopedia of Public Health.* Springer, New York 2008, p. 761.

38 Loewenstein WR, Kanno Y: *Intercellular Communication and the Control of Tissue Growth.* Nature 209, 1966, pp. 1248-1249.
39 https://www.cancer.gov/about-cancer/diagnosis-staging/prognosis/tumor-grade-fact-sheet [01.03.2021]
40 Denoix PF (1946). *Enquête permanent dans les centres anticancéreaux.* Bulletin de l'Institut National d'Hygiène 1, 1946, pp. 70-75.
41 Steudel J: *Woher kommt der Name Krebs?* Deutsche Medizinische Wochenschrift 78, 1953, p. 1574.
42 Augustin HG: *Antiangiogenic Tumour Therapy: Will It Work?* Trends in Pharmacological Sciences 19, 1998, pp. 216-222.
43 https://cancer.sanger.ac.uk/cosmic/census [01.03.2021]
44 Tomasetti C et al.: *Stem Cell Divisions, Somatic Mutations, Cancer Etiology, and Cancer Prevention.* Science 355, 2017, pp. 1330-1334.
45 Weedon-Fekjær H et al.: *Breast Cancer Tumor Growth Estimated Through Mammography Screening Data.* Breast Cancer Research 10, 2008, R41.
46 Lane DP: *p53, Guardian of the Genome.* Nature 358, 1992, pp. 15-16.
47 Wallasch C et al.: *Heregulin-Dependent Regulation of HER2/neu Oncogenic Signaling by Heterodimerization With HER3.* EMBO Journal 14, 1995, pp. 4267-4275.
48 Niemz MH: *Laser-Tissue Interactions.* Springer, Berlin Heidelberg New York 2019, pp. 49-55.
49 Ishay-Ronen D et al.: *Gain Fat – Lose Metastasis.* Cancer Cell 35, 2019, pp. 17-32.
50 Fukuhara H, Ino Y, Todo T: *Oncolytic Virus Therapy: A New Era of Cancer Treatment at Dawn.* Cancer Science 107, 2016, pp. 1373-1379.
51 Niemz MH: *Lucy mit c.* BoD, Norderstedt 2008.
52 Niemz MH: *How Science Can Help Us Live in Peace.* Universal-Publishers, Irvine 2018.
53 Niemz MH: *Seeing Ourselves Through Different Eyes.* Wipf & Stock, Eugene 2020.
54 Gleising S: *Meine wundersame Heilung.* Herder, Freiburg 2016, p. 163.
55 Gleising S: *Meine wundersame Heilung.* Herder, Freiburg 2016, pp. 235-236.
56 Gleising S: *Meine wundersame Heilung.* Herder, Freiburg 2016, p. 247.
57 Wilder T: *The Bridge of San Luis Rey.* Penguin, London 2000, p. 124.
58 Whitehead AN: *Modes of Thought.* Free Press, New York 1968, p. 168.

59  Lavoisier AL: *Opuscules physiques et chymiques*. Durand, Paris 1774.
60  Lamarck J-B: *Recherches sur l'organisation des corps vivants*. Vortrag im Muséum National d'Histoire Naturelle, Paris 1802.
61  Darwin C: *On the Origin of Species*. John Murray, London 1859.
62  Maxwell JC: *A Dynamical Theory of the Electromagnetic Field*. Philosophical Transactions of the Royal Society of London 155, 1865, pp. 459-512.
63  Jost J: *Biologie und Mathematik*. Springer, Berlin 2019, p. 36.
64  Paley W: *Natural Theology or Evidences of the Existence and Attributes of the Deity*. John Morgan, Philadelphia 1802.
65  Desmond A, Moore JR: *Darwin*. List, München 1991, p. 218.
66  Der vollständige Titel von Charles Darwins Hauptwerk lautet: *On the Origin of Species by Means of Natural Selection*.
67  siehe Anmerkung 61.
68  Bredekamp H: *Darwins Korallen*. Wagenbach, Berlin 2005, p. 23.
69  Die Bibel: *Genesis* 1:28.
70  The Chimpanzee Sequencing and Analysis Consortium: *Initial Sequence of the Chimpanzee Genome and Comparison With the Human Genome*. Nature 437, 2005, pp. 69-87.
71  Crick FH: *The Genetic Code*. Proceedings of the Royal Society of London, Biological Sciences 167, London 1967, pp. 331-347.
72  Clark-Walker GD, Weiller GF: *The Structure of the Small Mitochondrial DNA of Kluyveromyces Thermotolerans Is Likely to Reflect the Ancestral Gene Order in Fungi*. Journal of Molecular Evolution 38, 1994, pp. 593-601.
73  Im Buch *Ichwahn* (Ludwig, München 2017, p. 187) trenne ich noch »huhnend« von »eiend«, was aber im Grunde gar nicht nötig ist.
74  Heisenberg W: *Der Teil und das Ganze*. Piper, München 1969, p. 30.
75  https://www.nobelprize.org/prizes/physics/1932/summary/ [01.03.2021]
76  Heisenberg W: *Über den anschaulichen Inhalt der quantentheoretischen Kinematik und Mechanik*. Zeitschrift für Physik 43, 1927, pp. 172-198.
77  Der *Impuls* eines Teilchens ist seine Geschwindigkeit multipliziert mit seiner Masse.
78  Heisenberg W: *Physik und Philosophie*. Hirzel, Stuttgart 1984, p. 32.
79  Schrödinger E: *Die gegenwärtige Situation in der Quantenmechanik*. Die Naturwissenschaften 23, 1935, pp. 807-812.
80  Aspect A et al.: *Experimental Test of Bell's Inequalities Using Time-Varying Analyzers*. Physical Review Letters 49, 1982, pp. 1804-1807.

81 Die Rechnung hierzu lautet: Lichtgeschwindigkeit = Strecke / Zeit. Also: Zeit = Strecke / Lichtgeschwindigkeit. Als Strecke wähle ich die Luftlinie Berlin – München. Das sind etwa 500 Kilometer. Die Lichtgeschwindigkeit beträgt 299 792,458 Kilometer pro Sekunde.
82 Einstein A, Born M: *Briefwechsel 1916-1955*. Langen Müller, München 2005, p. 254.
83 Bohm DJ, Hiley BJ: *On the Intuitive Understanding of Nonlocality As Implied by Quantum Theory*. Foundations of Physics 5, 1975, pp. 93-109.
84 Whitehead AN: *Process and Reality. An Essay in Cosmology*. Free Press, New York 1929.
85 Whitehead AN: *Process and Reality* (corrected edition). Free Press, New York 1979, p. 79.
86 siehe Anmerkung 3.
87 Whitehead AN: *Process and Reality* (corrected edition). Free Press, New York 1979, p. 18.
88 Emmet D: *Creativity and the Passage of Nature*. In: Rapp F, Wiehl R (editors): *Whitehead's Metaphysics of Creativity*. State University of New York Press, New York 1990, p. 63.
89 Whiteheads *philosophy of organism* invertiert die *Erkenntnistheorie* von Immanuel Kant. Kant: Die Welt existiert als Erfahrung in meinem Kopf. Whitehead: Ich existiere als ein Prozess des Erfahrens innerhalb der Welt.
90 Whitehead AN: *Process and Reality* (corrected edition). Free Press, New York 1979, p. 88.
91 Whitehead AN: *Process and Reality* (corrected edition). Free Press, New York 1979, p. 7.
92 siehe Anmerkung 91.
93 Whitehead AN: *Process and Reality* (corrected edition). Free Press, New York 1979, p. 22.
94 Whitehead erwähnt nicht explizit, wo jede Erfahrung gespeichert wird. Ich erläutere im Unterkapitel *Wie schmeckt Schokolade?*, dass das Licht alles speichert, was jemals im Kosmos geschieht.
95 Whitehead AN: *Process and Reality* (corrected edition). Free Press, New York 1979, pp. 51-52.
96 Whitehead AN: *Process and Reality* (corrected edition). Free Press, New York 1979, p. 34.
97 Heraklit: *Fragment* 91.
98 Whitehead AN: *Process and Reality* (corrected edition). Free Press, New York 1979, p. 185.

99  Whitehead AN: *Process and Reality* (corrected edition). Free Press, New York 1979, p. 343.
100 Whitehead AN: *Process and Reality* (corrected edition). Free Press, New York 1979, p. 348.
101 https://www.genome.gov/human-genome-project/Completion-FAQ [01.03.2021]
102 Dawkins R: *The Blind Watchmaker*. Penguin, London 2006, p. 43.
103 Dawkins R: *The Blind Watchmaker*. Penguin, London 2006, p. 49.
104 Maslow AH: *Die Psychologie der Wissenschaft*. Goldmann, München 1977, p. 100.
105 Niemz MH: *Die Welt mit anderen Augen sehen*. Gütersloher Verlagshaus, Gütersloh 2020, p. 164.
106 Jung CG: *Erinnerungen, Träume, Gedanken*. Walter, Olten 1979, p. 293.
107 Inas E-Mail vom 14. Mai 2006.
108 Ring K, Elsaesser-Valarino E: *Im Angesicht des Lichts*. Ariston, Kreuzlingen 1999, pp. 28-29.
109 Ring K, Elsaesser-Valarino E: *Im Angesicht des Lichts*. Ariston, Kreuzlingen 1999, pp. 37-40.
110 www.nderf.org/NDERF/Research/number_nde_usa.htm [01.03.2021]
111 van Lommel P et al.: *Near-Death Experience in Survivors of Cardiac Arrest*. Lancet 2001, 358, pp. 2039-2045.
112 van Lommel P: *Endloses Bewusstsein: Neue medizinische Fakten zur Nahtoderfahrung*. Patmos, Düsseldorf 2014.
113 Ring K: *Life at Death*. Coward, McCann and Geoghegan, New York 1980, Kap. 3.
114 Ruder H, Nollert HP: *Einsteins Holodeck*. Spektrum der Wissenschaft 7, 2005, pp. 56-65.
115 Nollert HP, Ruder H: *Die relativistische Welt in Bildern. Was Einstein gerne gesehen hätte*. Spektrum der Wissenschaft Spezial 3, 2005.
116 Niemz MH: *Die Welt mit anderen Augen sehen*. Gütersloher Verlagshaus, Gütersloh 2020, pp. 168-169.
117 Niemz MH: *Lucy mit c*. BoD, Norderstedt 2008, p. 19.
118 Im Gegensatz zu göttlicher Gerechtigkeit, die auf Selbstreflexion beruht, kennt menschliche Gerechtigkeit nur das Instrument der Bestrafung durch andere.
119 https://www.brucelipton.com/what-does-love-feel/ [01.03.2021]
120 Niemz MH: *Die Welt mit anderen Augen sehen*. Gütersloher Verlagshaus, Gütersloh 2020, pp. 25-27.

121 Mit »Licht« bezeichne ich jede Art elektromagnetischer Strahlung: Rundfunkwellen, Mikrowellen, infrarotes Licht, sichtbares Licht, UV-Licht, Röntgenstrahlung und Gammastrahlung. Alle breiten sich mit Lichtgeschwindigkeit aus.
122 Niemz MH: *Ichwahn.* Ludwig, München 2017, p. 81.
123 Niemz MH: *Ichwahn.* Ludwig, München 2017, p. 85.
124 Die Bibel: *Genesis* 1:1-5.
125 Die Bibel: *Johannes* 1:1.
126 Niemz MH: *Die Welt mit anderen Augen sehen.* Gütersloher Verlagshaus, Gütersloh 2020, p. 52.
127 Niemz MH: *Die Welt mit anderen Augen sehen.* Gütersloher Verlagshaus, Gütersloh 2020, p. 45.
128 Herder JG: *Amor und Psyche auf einem Grabmal.* In: Kurz H (editor): *Herders Werke.* Bibliographisches Institut, Leipzig 1870, p. 85.
129 Rilke RM: *Sonette an Orpheus.* 2, XIII.
130 de Simone D: *Die griechischen Entlehnungen im Etruskischen* (Band 2). Otto Harrassowitz, Wiesbaden 1970, pp. 293-298.
131 Descartes R: *Die Prinzipien der Philosophie.* Amsterdam 1644, 1, 7.
132 Feuerbach L: *Das Wesen des Christentums.* Leipzig 1841, p. 381.
133 siehe Anmerkung 132.
134 Hume D: *A Treatise of Human Nature.* 1739, 1.4.6.
135 van Lommel P: *Near-Death Experience, Consciousness, and the Brain.* World Futures 62, 2006, p. 134.
136 Rimbaud A: *Seher-Briefe.* DTV, München 1997, p. 367.
137 Ohlsson C et al.: *Genetic Determinants of Serum Testosterone Concentrations in Men.* PLoS Genetics 7, 2011, e1002313.
138 Kendler KS et al.: *An Extended Swedish National Adoption Study of Alcohol Use Disorder.* Journal of the American Medical Association Psychiatry 72, 2015, pp. 211-218.
139 Steindl-Rast D: *Credo.* Herder, Freiburg 2010, p. 17.
140 Der Koran: *Sure* 59:24.
141 Hawking S: *A Brief History of Time.* Bantam, New York 1988, p. 141.
142 Dawkins R: *Der Gotteswahn.* Ullstein, Berlin 2016, p. 24.
143 Larson EJ, Witham L: *Leading Scientists Still Reject God.* Nature 394, 1998, p. 313.
144 Niemz MH: *Sinn.* Kreuz, Freiburg 2013, pp. 85-93.
145 Leibniz GW: *Essais de théodicée sur la bonté de Dieu, la liberté de l'homme et l'origine du mal.* Amsterdam 1710.
146 https://de.wikipedia.org/wiki/Weltreligion [01.03.2021]

147 Die *Schahada,* das muslimische Glaubensbekenntnis, lautet: »Ich bezeuge, dass es keinen Gott außer Allah gibt und dass Muhammad sein Diener und Gesandter ist.«
148 Kalama-Sutta: *Anguttara Nikara* 3-66.
149 de Spinoza B: *Ethik I.* Lehrsatz 29.
150 Meister Eckhart: *Quaestio Parisiensis I.* 542, 23-25.
151 Baum H: *Schlüsselfragen großer Philosophen – Band 2.* LIT, Münster 2018, p. 49.
152 von Cues N: *Von der Wissenschaft des Nichtwissens.* Zenodot Verlagsgesellschaft, Berlin 2013, p. 15.
153 siehe Anmerkung 100.
154 Im Buch *Bin ich, wenn ich nicht mehr bin?* (Herder Spektrum, Freiburg 2013, p. 88) begreife ich Gott zum ersten Mal als »Schöpfer und Schöpfung in einem«.
155 In diesem Buch formuliere ich erstmals den Gedanken, dass Gott an seiner eigenen Schöpfung reifen kann. Im Buch *Die Welt mit anderen Augen sehen* (Gütersloher Verlagshaus, Gütersloh 2020, p. 131) reflektiere ich bereits über einen sich entfaltenden Gott.
156 Young WP: *Die Hütte.* Ullstein, Berlin 2009, p. 236.
157 Im Buch *Die Welt mit anderen Augen sehen* (Gütersloher Verlagshaus, Gütersloh 2020, p. 139) definiere ich »Lieben« aus Sicht des/der Liebenden als *bedingungsloses Wertschätzen.* Vom Ergebnis her ist diese Formulierung gleichbedeutend mit *aus zweien eins machen.*
158 Niemz MH: *Die Welt mit anderen Augen sehen.* Gütersloher Verlagshaus, Gütersloh 2020, p. 140.
159 Aristoteles: *Metaphysik VII.* 17, 1041b.
160 siehe Anmerkung 2.
161 Sheehan PM: *The Extinction of Dinosaurs.* The Paleontological Society Special Publications 7, 1994, pp. 411-424.
162 https://www.un.org/Depts/german/menschenrechte/aemr.pdf [01.03.2021]
163 Die Bewegung *Black Lives Matter* zeigt, dass schwarze und weiße Menschen in den USA immer noch nicht gleich behandelt werden.
164 Bis zur Amtsübergabe am 20. Januar 2021 hatte Donald Trump die rechtmäßige Wahl seines Nachfolgers Joe Biden nicht anerkannt.
165 Dalai Lama, Alt F: *Der Appell des Dalai Lama an die Welt.* Benevento Publishing, Salzburg 2016, p. 6.
166 Obama B: Aus seiner Ansprache gehalten vor Absolventen der Universität von Massachusetts. Boston, 02. Juni 2006.

# BILDNACHWEIS

Copyright, soweit nicht anders angegeben: © Markolf H. Niemz

Seite 5, Seite 16 und Abb. 3:
https://commons.wikimedia.org/wiki/File:SARS-CoV-2_without_background.png [01.03.2021]

Seite 5, Seite 32, Abb. 6 und Abb. 9 mitte (farblich angepasst):
https://commons.wikimedia.org/wiki/File:Prokaryote_cell.svg [01.03.2021]

Abb. 1 links (farblich angepasst):
https://commons.wikimedia.org/wiki/File:CDC-11215-swine-flu.jpg [01.03.2021]

Abb. 1 rechts (Ausschnitt und farblich angepasst):
https://commons.wikimedia.org/wiki/File:HIV-budding-Color.jpg [01.03.2021]

Abb. 2 (farblich angepasst):
https://commons.wikimedia.org/wiki/File:DNA_simple2.svg [01.03.2021]

Abb. 4 und Abb. 9 links (farblich angepasst):
https://commons.wikimedia.org/wiki/File:Enveloped_icosahedral_virus.svg [01.03.2021]

Abb. 8 (gedreht und farblich angepasst):
https://commons.wikimedia.org/wiki/File:Caulobacter_crescentus.jpg [01.03.2021]

Abb. 10 (farblich angepasst):
https://commons.wikimedia.org/wiki/File:Animal_Cell.svg [01.03.2021]

Abb. 14:
https://commons.wikimedia.org/wiki/File:Darwin%27s_finches_by_Gould.jpg [01.03.2021]

Abb. 17 links:
https://www.its.caltech.edu/~atomic/snowcrystals/class/w050207a039.jpg [01.03.2021] © Kenneth G. Libbrecht

## Bildnachweis

Abb. 17 mitte:
Moskitoauge, von Raija Peura, University of Oulu, Institute of Electron Optics' Image Gallery

Abb. 18 mitte:
https://commons.wikimedia.org/wiki/File:Arianta_arbustorum_-_Braunau-1968.jpg [01.03.2021] © Tom Meijer

Abb. 18 rechts:
https://commons.wikimedia.org/wiki/File:Ssc2003-06c.jpg [01.03.2021]

Abb. 22 links:
https://commons.wikimedia.org/wiki/File:Wet_Lorikeet.jpg [01.03.2021] © Louise Docker

Abb. 25:
Mit freundlicher Genehmigung von H.-P. Nollert und H. Ruder

Seite 131 (Descartes, Ausschnitt):
https://commons.wikimedia.org/wiki/File:Frans_Hals_-_Portret_van_René_Descartes.jpg [01.03.2021]

Seite 132 (Feuerbach, Ausschnitt):
https://commons.wikimedia.org/wiki/File:Die_Gartenlaube_(1872)_b_017.jpg [01.03.2021]

Seite 132 (Hume, Ausschnitt):
https://commons.wikimedia.org/wiki/File:David_Hume.jpg [01.03.2021]

Seite 133 (Rimbaud, Ausschnitt):
https://commons.wikimedia.org/wiki/File:Carjat_Arthur_Rimbaud_1872.jpg [01.03.2021]

Seite 142 (Eckhart, Ausschnitt):
https://eckhart-portal.org/ [01.03.2021]

Seite 143 (von Kues, Ausschnitt):
https://commons.wikimedia.org/wiki/File:Nicholas_of_Cusa.jpg [01.03.2021]

Seite 166:
Markolf H. Niemz © Torsten Zimmermann

Abb. 32-36:
Mit freundlicher Genehmigung von D. von Tschurtschenthaler

Gütersloher Verlagshaus, 2020
ISBN 978-3-57906212-9, 192 Seiten

# KONTAKT ZUM AUTOR

Markolf H. Niemz hält zahlreiche Lesungen und Vorträge. Alle Termine finden Sie auf seiner offiziellen Webseite:

**https://www.markolfniemz.de**

Wenn Sie den Autor zu einer Lesung einladen wollen oder seine Arbeit fördern möchten, erreichen Sie ihn hier:

**markolf.niemz@lucys-kinder.de**

**So charakterisiert der Autor seine zwei jüngsten Bücher:**
In den beiden Büchern *Die Welt mit anderen Augen* sehen und *Wie geht leben?* stelle ich mein Weltbild vor. Deshalb kommt es bei manchen Kapiteln zu inhaltlichen Überschneidungen. Gleichwohl hat jedes Buch seinen eigenen Ansatz. Im Buch *Die Welt mit anderen Augen sehen* versuchen wir, die Welt mit dem fernöstlichen Konzept des Advaita (auf Deutsch: Nicht-Dualität) zu verstehen. Wir behalten konträre Begriffe bei, machen uns aber bewusst, dass sie nicht zwei sind. Im Buch *Wie geht leben?* ersetzen wir Substantive durch Verben und umgehen damit die Dualität. Für ein bestmögliches Verstehen empfehlt es sich, beide Ansätze auszuprobieren.

# DER AUTOR

Prof. Dr. Markolf Niemz ist Biophysiker und hat einen Lehrstuhl für Medizintechnik an der Uni Heidelberg. Für seine Forschung wurde er von der Heidelberger Akademie der Wissenschaften mit dem Karl-Freudenberg-Preis ausgezeichnet.

© Torsten Zimmermann

Niemz studierte Physik und Bioengineering in Frankfurt a. M., Heidelberg und San Diego. Er war Research Fellow an der Harvard Medical School mit einem Stipendium der Deutschen Forschungsgemeinschaft. Seine Bücher sind spirituelle Bestseller und beleben den Dialog zwischen Naturwissenschaft und Religion.